LÉGENDE EXPLICATIVE

DE LA

CARTE GÉOLOGIQUE

DU DÉPARTEMENT

DE LA CÔTE-D'OR.

LÉGENDE EXPLICATIVE

DE LA

CARTE GÉOLOGIQUE

DU DÉPARTEMENT

DE LA CÔTE-D'OR.

1626

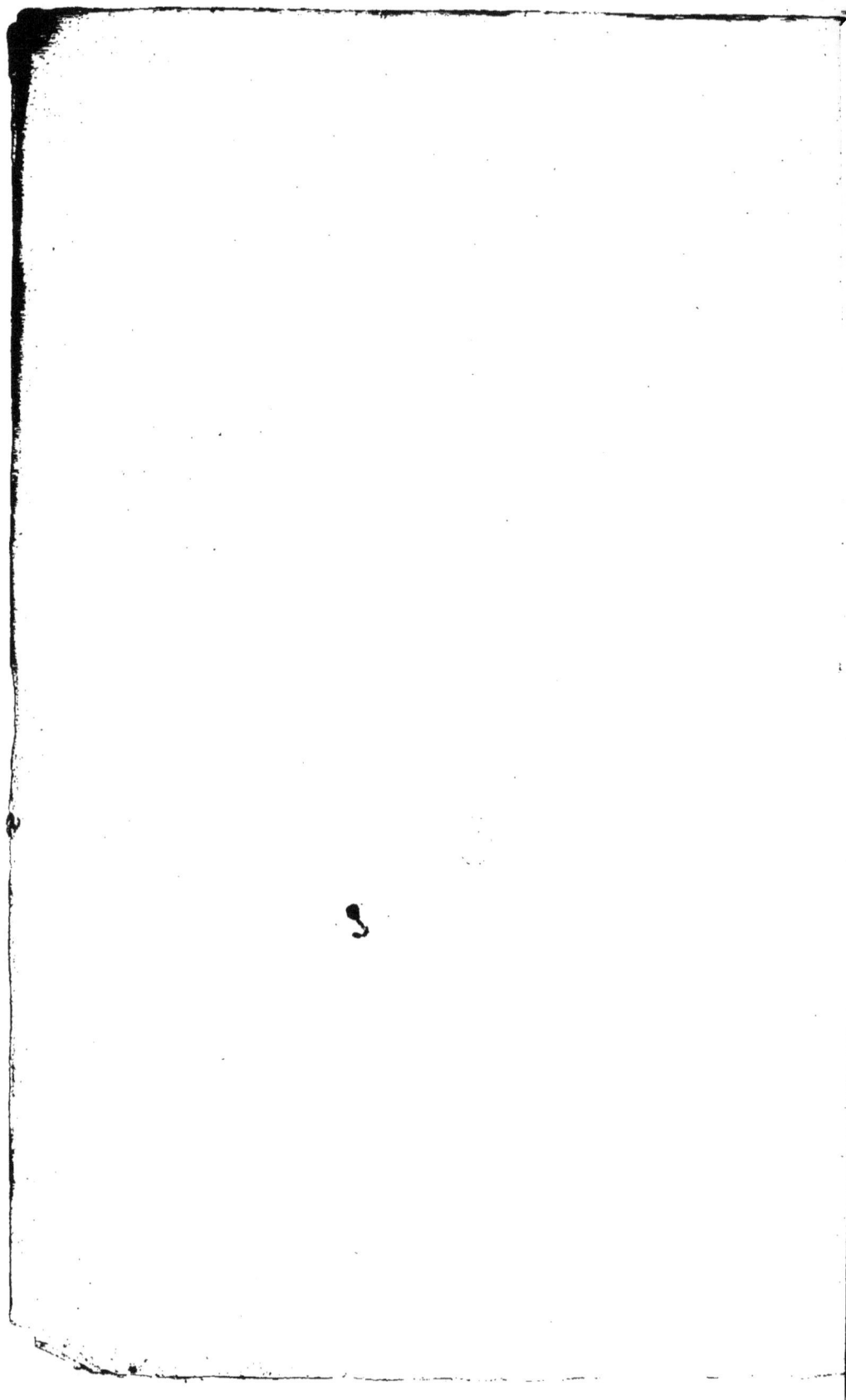

LÉGENDE EXPLICATIVE

DE LA

CARTE GÉOLOGIQUE

DU DÉPARTEMENT

DE LA CÔTE-D'OR,

PAR M. GUILLEBOT DE NERVILLE,

INGÉNIEUR ORDINAIRE AU CORPS IMPÉRIAL DES MINES,

CHARGÉ DU SERVICE MINÉRALOGIQUE DE LA CÔTE-D'OR, DE 1840 À 1848.

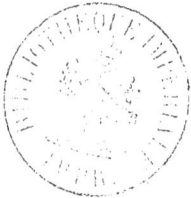

PARIS.

IMPRIMERIE IMPÉRIALE.

—

1853.

AVERTISSEMENT.

Cette légende est écrite en vue d'accompagner et de compléter le tableau des teintes conventionnelles de ma carte géologique de la Côte-d'Or. C'est un rapide résumé du texte descriptif destiné à suivre de près la publication de cette carte. Dans un exposé aussi succinct, il n'y avait place, naturellement, ni pour des listes de fossiles, des coupes de détail et des discussions techniques, ni, à plus forte raison, pour des citations d'auteurs. J'ai dû me borner à y marquer à grands traits les caractères les plus saillants de chaque terrain; je me suis surtout proposé d'y mettre en relief la situation précise des gîtes de substances minérales utiles, d'y faire exactement connaître le rôle hydrologique de chaque assise principale, et de toucher, en passant, à quelques-uns des points qui pouvaient intéresser l'agriculture et les arts. C'est dans mon texte descriptif proprement dit que je me réserve de rendre hommage à mes maîtres, justice, autant qu'il sera en mon pouvoir, à mes devanciers, et de tenir compte à chacun des emprunts que j'aurai pu faire.

Paris, le 31 mai 1852.

LÉGENDE EXPLICATIVE

DE LA

CARTE GÉOLOGIQUE

DU DÉPARTEMENT

DE LA CÔTE-D'OR.

Granite. Généralement à gros grain et à grain moyen, à feldspath orthose rose clair, quartz gris, et mica noir verdâtre; quelquefois à deux variétés de mica, l'une de couleur beaucoup plus claire; toujours très-riche en quartz; passant insensiblement, en beaucoup de points, à un granite porphyroïde à grands cristaux d'orthose, qui parfois n'y forme que des plaques peu étendues, ou, pour mieux dire, de grandes taches, comme à Bourbilly, Vieux-Château et Lacharmée, sur les rives du Serein, et, d'autres fois, l'envahit en entier sur de grands espaces, ainsi que cela a lieu dans le pays de Liernais, Saulieu, Villargoix, Lamotte-Ternant, etc., et y devient, à proprement parler, le granite normal.

La couleur dominante de ce granite est le rose; il est même souvent presque rouge par altération; c'est cette couleur qui frappe quand on parcourt le Morvan; on y trouve cependant toutes les variétés de nuances, depuis le granite blanc ou gris de la Roche-en-Brenil, jusqu'au granite feuille morte et presque violet des environs de Villargoix.

— 8 —

Très-fréquemment il renferme un second feldspath, l'oligoklase, qui s'y présente souvent avec une couleur tirant sur le rouge corail, et qui y devient quelquefois aussi abondant que l'orthose. Tels sont les granites du plat pays de Saulieu, de Précy-sous-Thil, du Pont-de-Chevigny, de Semur, Remilly et Malain, etc., etc.

On y rencontre beaucoup de filons et d'amas, souvent considérables, d'un granite à grain fin et confus, ou, pour mieux dire, d'un *leptinite* grenu et micacé, d'une plus grande dureté que la roche encaissante, et qui se manifeste presque toujours par un certain relief à la surface du sol ; des filons et des amas de *pegmatite* et de *quartz hyalin blanc laiteux* ; enfin, des filons et des masses intercalées de *porphyre quartzifère* et d'*eurite* dont il sera parlé plus loin.

Les filons de *leptinite*, de *pegmatite* et de *quartz hyalin* paraissent à très-peu près contemporains de la masse primordiale qui les enchâsse, et semblent provenir, la plupart, d'injections qui ont rempli les premières fissures de cette masse, au moment de son refroidissement et de son retrait.

Le *porphyre* et l'*eurite* semblent d'une origine plus moderne, ainsi que nous le verrons.

Le granite de la Côte-d'Or et du Morvan a une tendance générale à passer à la *pegmatite*, et il y passe souvent complétement sur d'assez grandes étendues ; il est alors très-facilement décomposable, surtout quand cette pegmatite renferme de l'oligoklase, et il se recouvre d'une arène grasse, meuble, assez épaisse.

La pegmatite est le gîte habituel des minéraux cristallisés des terrains primitifs ; celle de la Côte-d'Or renferme principalement de petits cristaux de tourmaline noire; je n'y ai point encore aperçu de cristaux d'oxyde d'étain.

Toutes les variétés de granite de la Côte-d'Or, à l'exception du leptinite, ont peu de dureté, et se désagrégent facilement; on a cherché à exploiter les granites les plus durs, ceux, par exemple, qu'on rencontrait en gros blocs arrondis, à surface polie, dans le lit des torrents et sur le flanc des vallons, et à les tailler en dalles et en bordures de trottoirs pour le pavage de la ville de Paris; mais ceux-là même s'altéraient encore très-promptement, et n'ont pu rivaliser avec les granites de Normandie. On en extrait toutefois une pierre de taille qui suffit aux besoins du pays.

Le granite de Remilly alimente de pavés une partie de la ville de Dijon.

Le *leptinite* fournit de bons matériaux d'entretien de routes : il est recherché avec soin et exploité pour cet usage dans toutes les parties du pays de Saulieu où l'on n'a pas à sa portée de gîte de porphyre quartzifère.

Il est dans la nature de ce terrain de ne présenter aucune source considérable, semblable à celles qu'on va trouver dans le terrain jurassique; mais, en revanche, on y rencontre une quantité de petites sources superficielles qu'on voit sourdre des moindres dépôts d'arène. Ce granite est presque partout assez fissuré et assez altéré par un commencement de décomposition, pour donner passage aux eaux pluviales jusqu'à une dizaine de mètres de profondeur, et permettre d'y ouvrir des puits domestiques qui ne manquent jamais d'eau.

Gneiss. Intimement associé au granite à grain moyen et à grain fin, et composé des mêmes éléments, avec cette différence, que le quartz y devient beaucoup moins abondant et y disparaît même quelquefois complétement, et qu'au lieu d'être confusément assemblés, ces éléments sont orientés parallèlement à une même direction, et donnent à la roche une structure éminemment schisteuse.

Le gneiss ne forme que deux bandes peu épaisses à l'extrémité de la pointe primordiale du Morvan, dans le pays de Semur; l'une au mur du terrain houiller de Sincey, l'autre entre Chamont et Thostes, dirigées toutes deux à peu près de l'est à l'ouest, avec feuillets presque verticaux.

Cette direction E. O. paraît très-persistante dans cette région; car on l'observe encore dans les feuillets d'un petit amas de gneiss qu'on rencontre enchâssé dans le granite du fond du ravin de Baulme-la-Roche et Malain, au milieu de la chaîne calcaire de la Côte-d'Or.

Le gneiss du pays de Semur passe en beaucoup de points, par la disparition du feldspath et la réapparition abondante du quartz, à un micaschiste, tantôt à grands feuillets argentins grisâtres, entrelaçant un grand nombre de noyaux de quartz hyalin blanc laiteux, et alors très-solide, tantôt à petits feuillets de mica bronzé et rouge lie de vin, presque sans interposition de grains de quartz, constituant une roche tendre et friable, d'une très-facile décomposition. Il renferme quelques filons et amas de granite et de très-nombreux filons, amas et noyaux de pegmatite très-quartzeuse et de quartz hyalin blanc laiteux.

Le gneiss et le micaschiste sont faciles à exploiter en

raison de leur schistosité, et donnent un moellon grossier en quelque sorte tout taillé, solide, prenant bien le mortier, et très-utile, pour ces qualités, dans les constructions communes.

Terrain de transition. Ne forme que des lambeaux morcelés et peu étendus, associés au porphyre quartzifère du Morvan, ou, pour ainsi dire, des masses perdues au milieu de ce porphyre, et rivées au terrain primitif par des pitons porphyriques.

Il est composé presque en entier de schistes argileux, quelquefois micacés, généralement verdâtres et lie de vin, lustrés et satinés, à structure froissée et contournée, et à division pseudo-régulière très-nette; coupés de filons et de masses de porphyre; gercés, crevassés, dans le voisinage de ces masses, et pénétrés de cristaux de feldspath développés sous l'influence de la roche ignée, de telle sorte qu'il existe, entre le terrain modifié et la masse éruptive à laquelle il doit son métamorphisme, un passage graduel qui ne permet pas toujours de voir positivement où l'un finit et où l'autre commence.

Les schistes argileux plus ou moins modifiés et passant souvent au porphyre quartzifère sont donc à peu près la roche dominante, je dirais presque la roche unique, du terrain; on trouve cependant au milieu de ces schistes quelques minces bancs accidentels de quartzite, et de grauwake modifiée et à caractères oblitérés, qui viennent en rompre très passagèrement l'uniformité.

Le dépôt de ce terrain, dont il serait difficile de préciser exactement la date au milieu de la période des terrains de transition, en l'absence, jusqu'ici, de tout débris fossile, semble appartenir pour la majeure partie à l'époque *carbonifère*, et paraît avoir été séparé de celui du terrain houiller proprement dit par la grande éruption de porphyre quartzifère qui a envahi la majeure partie du massif du Morvan.

Ce terrain n'a donné lieu, jusqu'ici, à l'exploitation d'aucune substance utile, et n'a, d'ailleurs, qu'une importance très-secondaire à la surface du département; on y a ouvert infructueusement quelques recherches de combustible en des points où la couleur et la nature de ses schistes, présentant moins de traces d'altération, avaient fait croire à la présence du terrain houiller.

Porphyre quartzifère. Forme un épais massif sur la lisière du département de Saône-et-Loire, entre Saulieu et Arnay-le-Duc, prolongement du grand massif porphyrique du Morvan; pousse des rameaux, des filons et des boutons enclavés dans le granite, jusqu'à une assez grande distance de ce massif; apparaît encore jusque dans le pointement primitif du ravin de Prâlon, près Sombernon.

Ce porphyre est parfaitement caractérisé : à pâte feldspathique compacte, bien homogène, généralement rouge brun, présentant cependant toutes les variétés de couleurs depuis le blanc un peu rougeâtre jusqu'au noir violacé, parsemée d'une infinité de grains de quartz hyalin gris, éclatants, amorphes ou bipyramidés, et de lamelles de feldspath orthose très-déliées, se détachant plus ou moins en couleur sur le fond de la pâte.

Il passe fréquemment, surtout quand il se présente en filons peu épais, à une *eurite*, blanche, grise ou rougeâtre, qui n'est que la même pâte dépourvue de cristaux.

D'autres fois, au contraire, dans les masses qui ont cristallisé plus à l'aise, la structure porphyrique se développe : les grains de quartz deviennent plus gros et les cristaux de feldspath plus grands, plus nets et plus tranchés en couleur sur le fond de la pâte.

La masse de ce porphyre est certainement d'une éruption antérieure au dépôt du terrain houiller, dont il a fourni une grande partie des éléments, et postérieure au terrain de transition schisteux qu'il traverse en tout sens, comme je viens de le dire ; on trouve cependant, au toit et au mur du terrain houiller de Sincey, des colonnes et des nappes d'un porphyre tout semblable, qui s'est épanché au moment du redressement de ce terrain.

Enfin, près du pont de Beauserein (hameau de Beauregard), un porphyre rouge d'un autre aspect, à plus larges éléments, à beaucoup plus grands cristaux, à nombreux noyaux de quartz calcédonieux, à amas et veines de quartz-jaspe, paraîtrait plus moderne que les précédents, quoiqu'il n'en soit peut-être qu'une variété, et forme quelques filons enchâssés dans le granite au voisinage des nappes d'arkose.

Le porphyre du Morvan, presque toujours d'une grande dureté, donne généralement de bons matériaux pour l'entretien des routes, et s'exploite en plusieurs carrières dont les principales sont situées au Maupas, au tournant de la

Guette et à Jouey, près de l'église, entre Arnay-le-Duc et Saulieu. L'expérience a montré qu'on obtenait un bon empierrement en mélangeant trois quarts (en volume) de porphyre
quartzifère concassé avec un quart de calcaire à gryphées
arquées qu'on trouve à portée des mêmes routes, et qui,
par son écrasement, forme dans les chemins une sorte de
ciment entre les fragments de porphyre.

Terrain houiller. Ne constitue qu'un lambeau peu
épais et peu étendu, mais très-remarquable par la manière
dont il est redressé sur sa tranche, pincé et aligné presque
verticalement au milieu du terrain primitif. Il affleure suivant une bande rectiligne, dirigée de l'O. à l'E. 3° S., qu'on
peut suivre sans interruption sur 24,000 mètres de longueur,
depuis le point de Bierre, près Ruffey (Côte-d'Or) jusqu'à
Villers-les-Nonnains (Yonne), et conserve, sur tout cet espace, sauf un renflement de 4 à 500 mètres, une largeur
uniforme de 180 à 200 mètres.

Ce terrain est composé de poudingues à galets principalement porphyriques, de grès quartzeux et feldspathiques,
presque toujours fortement agrégés et soudés par un ciment
siliceux, et de schistes argileux noirs et lie de vin, avec veines
et amandes de lydienne, renfermant d'abondantes empreintes
végétales caractéristiques de la formation houillère propre
ment dite.

Il ne renferme cependant d'autre combustible qu'un
anthracite pur, mais sec et écailleux, et d'une allure toujours incertaine; car il n'existe même, dans les deux veines
principales reconnues jusqu'ici, qu'à l'état d'amas lenticu-

laires, alternant avec des lentilles de schistes et de grès,
très sujets à des rétrécissements et à une disparition complète : effet tant de l'état premier du terrain, peu réglé
encore au moment de son dépôt, que de la nature tour-
mentée qui lui est restée de son redressement et de son
froissement dans une faille du granite.

Ce terrain n'a paru exploitable que dans la partie la plus
large de son affleurement, dans le voisinage de Sincey; les
recherches qu'on y a faites, de 1836 à 1843, ont eu peu
de succès; elles ont principalement fait découvrir deux
couches d'anthracite, d'un mètre chacune de puissance
moyenne, mais qui manquaient de continuité, et finissaient
par se perdre en pointe dans l'allongement.

Quoique ces recherches ne puissent pas être considérées
comme complétement décisives, je crois qu'on serait diffi-
cilement payé de ses peines si l'on s'aventurait à en tenter
de nouvelles.

Une nappe de porphyre, intercalée au mur du terrain,
donne aux affleurements, par sa décomposition, une argile
qui, bien choisie et bien triée, produit une terre réfractaire,
blanchâtre, de bonne qualité.

Trias. N'est représenté, dans la Côte-d'Or, que par la formation des marnes irisées (*keuper* des Allemands), et n'existe
en beaucoup de points qu'à l'état rudimentaire, avec une
épaisseur de quelques mètres à peine, comme sur une limite
extrême de bassin.

Dans les points où ce terrain se montre avec le plus de

développement (à Ivry, Molinot, Mémont, et dans le ravin de Baulme-la-Roche et Malain), il n'a encore que 5o à 6o mètres au plus de puissance ; il renferme cependant déjà des amas de gypse utilement exploitables qui atteignent jusqu'à 10 et 12 mètres d'épaisseur, et fournissent diverses qualités de plâtre largement exploitées pour les constructions et l'agriculture.

Les affleurements les plus complets présentent, à la base, une assez grande épaisseur de grès quartzeux, de couleur cendrée, alternant en bancs d'un grain plus ou moins grossier ; au-dessus de ce grès, des marnes argileuses irisées, rouges, vertes et lie de vin, dans lesquelles sont enclavés les bancs et les amas de gypse ; puis, à la partie supérieure, des bancs de dolomie compacte et caverneuse, plus ou moins épais, solides et susceptibles accidentellement de fournir quelques pierres de construction.

Quand ce terrain s'amincit et se présente avec son minimum de développement, il se réduit aux grès de sa base, et à quelques bancs ou amas de marnes argileuses vertes enclavés dans ces grès.

Il est probable (ainsi que je l'ai admis dans mes coupes) que ce terrain se développe et prend une épaisseur plus considérable qu'en aucun point de ses affleurements, dans certaines parties du département recouvertes de terrain jurassique. Ce qui le ferait supposer, c'est l'existence, au milieu du calcaire à gryphées et des marnes supraliasiques, de quelques sources salées, entre autres celles de Pouillenay et Santenay, sortes de puits artésiens naturels dont les eaux, amenées au jour par des failles, sont probablement devenues salines au contact d'amas de sel gemme ou de marnes salifères d'un terrain keupérien beaucoup plus épais que celui qu'on aperçoit sur la lisière du terrain primitif, et qu'aucun affleurement ne révèle à la surface.

Partout où des affleurements naturels ou des travaux de mains d'homme ne m'ont point démontré le contraire, j'ai supposé, dans mes coupes, qu'il existait, à la séparation du terrain jurassique et du socle de granite qui le supporte, une épaisseur de marnes irisées au moins égale à celle qu'on observe à Ivry et dans le ravin de Baulme-la-Roche; on reconnaîtra que cette supposition ne doit pas s'écarter beaucoup de la réalité, si l'on remarque que ces marnes semblent devenir constantes et prendre une épaisseur croissante au N. E. et à l'E. de la Côte-d'Or, à mesure que l'on s'avance dans les départements de la Haute-Marne, de la Haute-Saône, du Doubs et du Jura, et qu'on les suit au fond des anfractuosités du terrain jurassique.

Les substances utiles que ce terrain pourrait donner seraient donc :

1° Du *sel gemme*, sur lequel on ne pourrait compter avec quelque espoir de succès que sous le fond de ces vallées palmées qui viennent aboutir à la plaine des Laumes, près Pouillenay, et qu'on ne pourrait, en tous cas, espérer atteindre qu'avec un sondage d'environ 200 mètres;

2° Du *plâtre* pour la bâtisse et l'agriculture, qu'on exploite déjà en plusieurs points des affleurements, et sur lequel on peut compter partout où le terrain prend une épaisseur de 50 à 60 mètres.

3° De la terre à briques et à tuiles, qu'on exploite aussi dans ses marnes, presque sur tous les affleurements, même dans les points où le terrain approche de l'état rudimentaire;

4° Du sable quartzeux, anguleux, excellent pour la fabrication des mortiers, exploitable en une quantité de nids ou amas grésiques non agglutinés, enclavés au milieu des grès de la base du terrain, et faciles à atteindre partout où affleurent ces grès;

5° Des grès pour construire des ouvrages de hauts fourneaux ou des parois de fours à chaux, comme ceux de Culêtre, près Arnay-le-Duc, ou pour servir de meules à aiguiser;

6° Des pierres de construction généralement assez médiocres, prises dans les bancs dolomitiques quand ces bancs sont accidentellement développés;

7° Des dolomies bonnes à exploiter pour la magnésie qu'elles renferment, et déjà utilisées dans quelques fabriques de produits chimiques;

8° Une pierre à ciment hydraulique énergique, très-accidentelle et en minces plaquettes marno-compactes, située dans la région des dolomies, et formant une sorte de passage aux bancs calcaires du lias (n'est exploitée en aucun point de la Côte-d'Or).

Sous le rapport hydrologique, ce terrain forme par ses marnes un massif imperméable qui retient parfaitement les eaux pluviales qui ont traversé les plateaux de calcaire à gryphées; et, quand il n'est recouvert que par ce calcaire, on doit le considérer comme supportant un beau niveau de sources. Aux affleurements, il présente, à un très-haut degré, la propriété de se délayer avec l'eau de ces sources, et de donner des marnes coulantes qui viennent souvent créer de graves obstacles aux constructions et aux travaux d'art qu'on peut avoir à y établir.

Arkose keupérien. Grès quartzeux et feldspathique
reposant sur le granite et alternant avec de petits bancs de
marnes verdâtres appartenant au *keuper;* soudé et fortement agrégé par un ciment siliceux cristallin qui s'y est épanché postérieurement à son dépôt, amenant avec lui quelques
minéraux, chaux fluatée, baryte sulfatée et galène, qui ont
cristallisé pêle-mêle dans la masse du grès, ont contribué,
comme la silice, à en souder les éléments, et y ont en outre
rempli de leurs cristaux de nombreux nids et géodes.

Cet arkose, beaucoup moins répandu que l'arkose liasique, n'apparaît qu'en un petit nombre de points du département; des carrières y sont ouvertes à Sainte-Sabine
et à Remilly, et fournissent des pavés d'une grande dureté, qui n'ont quelquefois que le défaut d'être de trop petit
échantillon, en raison du peu d'épaisseur des bancs dont on
les tire.

Lias et infra-lias. L'assise principale et constante de
ce groupe, ou *lias* proprement dit, est le calcaire à gryphées
arquées, composé de bancs, de $0^m,25$ à $0^m,40$ d'épaisseur,
d'un calcaire gris bleuâtre foncé, à grain serré, parsemé de
lamelles miroitantes et criblé de gryphées arquées, avec
joints ondulés marneux noirâtres, plus riches encore en gryphées. L'épaisseur moyenne de l'assise est de 10 à 12 mètres;
elle atteint cependant en quelques points, notamment à
Nolay, jusqu'à 20 mètres de puissance.

On exploite le calcaire à gryphées partout où il se présente; on en extrait :

2.

Presque partout, des dalles et de la taille de petit appareil, de bonne qualité ;

Accidentellement, comme à Nolay, une belle pierre polie ou marbre noir tacheté de blanc ;

Partout, du moellon piqué et de la pierre mureuse ;

De la chaux un peu maigre, mais très-utile, surtout sur les confins du Morvan où l'on ne trouve de calcaire que dans quelques îlots de lias.

Immédiatement au-dessus du calcaire à gryphées, et en quelque sorte soudé à son banc supérieur comme une espèce de croûte, existe un calcaire à grain beaucoup plus fin, plus égal et plus marneux, d'un bleu plus clair, renfermant beaucoup de bélemnites (*belemnites acutus*), très-important à signaler, parce qu'il donne à la calcination une *chaux hydraulique* d'excellente qualité.

Ce banc a moyennement 0^m,80 d'épaisseur; il est largement exploité autour de Pouilly-en-Auxois.

Au-dessous du calcaire à gryphées existent des alternances de lumachelles calcaires, de marnes et de grès, qui constituent l'*infra-lias*, d'une épaisseur qui varie de 2 ou 3 mètres à 15 et 18 mètres, et qui est en moyenne de 6 à 8 mètres.

Aux alentours de Précy-sous-Thil et d'Aisy (arrondissement de Semur), la lumachelle donne une pierre de taille de grand appareil, d'un grain grossier et d'un tissu très-celluleux, mais non gélive et d'excellente qualité.

En d'autres points, l'infra-lias renferme des bancs de calcaire marno-compacte qui produisent à la cuisson des ciments hydrauliques très-énergiques et très-précieux, mais qui ne forment que des gîtes accidentels.

Tel est le banc gris *zoné* des exploitations de ciment de Pouilly-en-Auxois, qui se présente avec une épaisseur moyenne de $0^m,80$, à $2^m,50$ sous la semelle du calcaire à gryphées arquées;

Et, à 3 mètres plus bas environ, le banc plus connu et beaucoup plus exploité de *ciment de Pouilly* proprement dit, d'une épaisseur de $0,^m60$.

C'est aussi là la région d'un ciment exploité dans les travaux souterrains du tunnel de Blaisy.

Un grès quartzeux, fin, jaune et blanc, de 1 à 2 mètres d'épaisseur, qui forme le banc tout à fait inférieur de l'infra-lias, est exploité en plusieurs points, notamment à Marcilly, près Précy-sous-Thil, et donne un sable siliceux propre à divers usages métallurgiques (moulage de la fonte en deuxième fusion, soles de fours à réchauffer, etc.).

L'infra-lias renferme enfin, en quelques points, des *minerais de fer* hydroxydés.

Un de ces minerais, qu'on peut presque dire constant dans la région où l'ensemble du lias est le plus développé, se trouve presque immédiatement au-dessous du calcaire à gryphées, entre les premiers bancs de lumachelle; il est oolithique, en roche, un peu marneux, d'une épaisseur de $0^m,50$ à $0^m,60$, d'une richesse et d'une qualité médiocres, mais exploitable toutefois, et exploité en grand à Vellerot et à Nolay, ainsi qu'à Chalencey (Saône-et-Loire).

Un autre minerai plus accidentel, moins épais, et par suite beaucoup moins exploitable, mais toujours intéressant à signaler en raison de sa bonne qualité, se présente en plaquettes et en géodes argilo-siliceuses et manganésifères, intercalées entre les bancs de lumachelle, ou enclavées dans les marnes qui alternent avec ces bancs ; on rencontre principalement ce minerai à la base des plaques de lias du plateau de Montlay, Juillenay et Lacour-d'Arcenay.

Si, comme on vient de le voir, l'infra-lias a quelque chose d'inconstant dans son essence, de très-variable et, si je puis dire ainsi, de très-élastique dans son épaisseur et sa composition, au calcaire à gryphées commencent à se régler les assises jurassiques, et à présenter la belle uniformité de constitution qui les caractérise partout où on les a observées.

Lias silicifié et arkose. Parties du lias envahies, après leur dépôt, par une déjection de silice gélatineuse, et remplacées, molécule à molécule, par une nappe de quartz compacte et calcédonieux, qui a quelquefois 9 à 10 mètres d'épaisseur, et qui conserve en grande partie l'aspect, la couleur et la texture des roches auxquelles elle s'est substituée.

Tantôt cette roche de quartz ne remplace que le calcaire à gryphées et s'arrête aux lumachelles inférieures, les laissant intactes, et avec elles tout ce qu'elles recouvrent ; d'autres fois elle envahit toute l'épaisseur du lias et de l'infra-lias jusqu'au granite, et fait même de l'arène qui recouvre ce granite une espèce de *faux porphyre* en en soudant les grains ; d'autres fois, enfin, cette roche quartzeuse forme, au milieu du calcaire à gryphées et des lumachelles subordonnées, des espèces de lentilles isolées de tous côtés et comparables à ce que seraient des bulles d'huile à la surface d'une couche d'eau.

Cette injection siliceuse, sortie du granite par une quantité de filons qui tous ont la nature calcédonieuse, s'est bornée quelquefois à imprégner, en plus ou moins grande abondance, beaucoup de ces grès grossiers peu épais, à cristaux de feldspath souvent très-peu roulés, qui forment un lit intermédiaire entre l'assise du lias et le terrain primitif, dans les points où n'existe pas à la séparation de ces terrains de représentant du trias, et il en est résulté une roche qui porte le nom d'*arkose*, et qui présente toutes les variétés de texture entre le quartz compacte calcédonieux empâtant de rares grains de quartz et de feldspath, et une sorte de *granite recomposé* sur place et intimement soudé par un ciment quartzeux.

Cette silice calcédonieuse a été accompagnée d'une injection de minéraux qui, sans jamais dominer à beaucoup près comme elle, l'ont suivie partout : baryte sulfatée, chaux fluatée, galène, fer oligiste, etc., etc., etc.....

Sous le plateau de Thostes et dans le lias environnant, à plusieurs kilomètres à la ronde, le fer oligiste s'est épanché assez abondamment dans certains bancs de lumachelle et de marnes argileuses, et en a assez uniformément imprégné la masse, pour les transformer, sur une épaisseur moyenne de $0^m,80$ à $1^m,00$, presque aussi bien réglée qu'une couche, en un riche *minerai de fer* exploité pour l'alimentation de plusieurs hauts fourneaux.

L'épanchement de fer oligiste s'étend sous tout le plateau de Thostes, sous les plaques de lias de Montigny-Saint-Barthélemy, de Genouilly et Chamont, et sous une grande

partie du lias des territoires de Courcelles-Frémoy, For-
léans et Montberthaut; quoiqu'il y ait une grande liaison
entre la déjection siliceuse de l'arkose et l'épanchement ferrugineux, il n'y a pas, tant s'en faut, coïncidence complète
entre les limites des deux terrains : beaucoup de parties du
lias que le minerai de fer n'a point imprégnées se sont
trouvées silicifiées, et, réciproquement, l'épanchement de
fer oligiste a pénétré fort au delà de l'espace que recouvre
la nappe de quartz, en conservant toujours le même niveau
dans un lias resté à l'abri de la silicification.

Marnes supraliasiques. Grande assise de marnes
brunes et noir bleuâtre feuilletées, plus ou moins bitumi-
neuses; enclavant, surtout à leur partie moyenne et supérieure, un grand nombre de bancs et de rognons de calcaire marno-compacte.

Leur épaisseur, en général de 135 à 140 mètres, paraît
augmenter régulièrement à mesure qu'on s'avance de l'ouest
du département au nord-est et à l'est, et passe graduelle-
ment de 120 mètres (environs de Semur) à 160 mètres (environs de Sombernon et Blaisy).

L'assise de ces marnes est coupée, un peu au-dessus de
sa moitié, par un banc de *calcaire noduleux ferrugineux*, de
5 à 6 mètres d'épaisseur moyenne, qui rompt l'uniformité
de leur talus, et se montre en saillie très-prononcée et très-
constante dans le profil des vallons.

Au-dessous du calcaire noduleux ferrugineux, les marnes,
sur une épaisseur de 60 à 80 mètres, ont une essence plus

argileuse que dans le reste de leur masse; elles sont moins feuilletées, moins mélangées de bancs calcaires, se délitent promptement à l'air, et manquent de soutien quand on les entaille en tranchées. Elles donnent, par leur altération à l'air, de la terre à briques, à tuiles et à poteries grossières, et une marne excellente pour fertiliser des plateaux purement calcaires.

Le pied de ces marnes, immédiatement au-dessus du lias proprement dit, renferme de petits bancs serrés d'un calcaire marneux gris bleuâtre, à pâte fine, d'une épaisseur totale de o^m, 80 à 1^m, oo, donnant un excellent *ciment* hydraulique; c'est un gîte constant exploité à *Venarey,* à *Saint-Thibault,* et près d'Éguilly.

Le haut des mêmes marnes, à 4 ou 5 mètres en contre-bas du calcaire noduleux ferrugineux, renferme en quelques points, notamment dans les revers de côte de Blaisy, Baulme-la-Roche, etc., de petits bancs de *ciment* donnant des produits de qualité passable, mais inférieurs toutefois à ceux des bancs situés plus bas.

Le *calcaire noduleux ferrugineux,* d'un grain grossier et marneux, à cassure terne et rugueuse, peut donner une *chaux hydraulique* assez énergique, mais d'un emploi difficile en raison du triage qu'elle exige avant la cuisson, pour en séparer les parties sableuses, pyriteuses, argilo-ferrugineuses et trop coquillières.

Au-dessus du calcaire noduleux ferrugineux existe d'abord une masse de *schistes bitumineux à possidonies,* dont quelques bancs, plus chargés en bitume, peuvent donner de l'huile à la distillation. A la partie moyenne de ces schistes, ou à 8 ou 10 mètres au dessus du calcaire noduleux ferrugineux, sont intercalés de petits bancs de calcaire marno-compacte, de 0ᵐ,25 à 0ᵐ,30 d'épaisseur, donnant un *ciment hydraulique* très-énergique, autre gîte constant, correspondant exactement au *ciment de Vassy* (Yonne).

Puis, au-dessus des schistes bitumineux, qui ont 15 à 20 mètres de puissance, viennent des alternances de marnes et de calcaires marneux d'environ 10 à 15 mètres en tout, très-fossilifères, pouvant donner, avec du choix, mais d'une façon un peu irrégulière, il est vrai, de la chaux hydraulique et du ciment.

Enfin, l'assise se termine, à sa partie supérieure, par environ 20 à 25 mètres de marnes gréseuses micacées, renfermant de petits bancs souvent lenticulaires de grès siliceux, à grain fin, ou de calcaire sableux et micacé. Ces marnes, délitées par l'action des agents atmosphériques, sont exploitées en plusieurs points pour terre à briques et à poterie commune, notamment au pied de l'abbaye de Lugny, et à Saint-Seine.

Cette assise, depuis ses bancs supérieurs jusqu'à ceux qui touchent le calcaire à gryphées, forme une masse complétement imperméable aux eaux; il en résulte que, dans les vallées qui y sont ouvertes, pas une goutte des pluies qui tombent à sa surface n'est perdue pour les ruisseaux qui en occupent le fond et qu'on voit enfler au moindre orage, et que, dans les points où elle est recouverte par les terrains supérieurs, elle supporte un magnifique niveau de sources.

On peut avoir à tirer parti de cette imperméabilité des

marnes supraliasiques : aucun terrain n'est, en effet, plus propre à l'établissement des canaux d'irrigation ou de navigation et des réservoirs destinés à les alimenter; pour en donner un exemple, le canal de Bourgogne eût été peut-être impossible si son point de partage, au lieu d'être placé comme il l'a été au centre d'une région liasique, eût dû forcément être établi au milieu de ces calcaires de nature si absorbante et si sèche qu'il ne traverse déjà que sur une trop longue partie de son cours.

Sous l'action des agents atmosphériques, le flanc de ces marnes se recouvre d'un terrain détritique facile à entraîner par les eaux, qui pourrait faire supposer, au premier abord, que toute la masse est d'une nature fluide et mouvante. Il est des points où ce terrain détritique s'accumule en glissant à la surface des marnes à mesure qu'il se produit, et où il acquiert une forte épaisseur, mais ces points sont assez rares dans chaque vallée liasique; habituellement ce terrain mouvant ne recouvre la surface des marnes vierges que d'une couche de deux à trois mètres au plus, et, dès qu'on l'a traversé, on ne rencontre plus qu'une roche dure et solide malgré son essence marneuse, roche dont les strates sont parfaitement liées et dans laquelle on ne peut ouvrir de galeries qu'à la poudre. J'insiste sur ce fait parce que l'on a souvent mal jugé ces marnes sous le rapport des difficultés qu'elles pouvaient présenter dans les travaux de percement de tunnels. Elles ne doivent point être assimilées, pour les chances d'éboulement, aux marnes du terrain keupérien, ni surtout à certaines marnes des terrains tertiaires qui sont très-coulantes. On peut y ouvrir en toute sûreté et de prime abord des galeries à grande section; on est certain, en thèse générale, de n'y pas rencontrer d'eau ; et, pourvu que la construction du revêtement en pierres ou en briques qui doit préserver leurs parois contre l'action de l'air et de l'humidité ne soit pas trop différée, on n'a à redouter aucun accident. Le cas où le terrain serait coupé de failles est le seul qui pourrait donner lieu à quelques difficultés, en raison de l'altération de la roche par les infiltrations venues de l'extérieur; mais ce ne seraient jamais que des difficultés de détail, car la marne est rarement altérée et ébouleuse sur plus de deux ou trois mètres d'épaisseur de part et d'autre du plan de chaque faille.

Si l'espèce de manteau de terrain détritique qui recouvre ces marnes ne met aucun obstacle sérieux aux percées souterraines, il y rend très-difficiles les travaux à ciel ouvert. Ce terrain a effectivement toujours une tendance à glisser sur la surface de la marne qui le supporte, et, dès que sa base est entamée, il devient presque impossible d'arrêter son mouvement. Le simple poids de la chaussée d'une route, si elle ne porte pas en entier sur la marne vierge, et si l'on a omis les précautions voulues pour empêcher les eaux d'y séjourner, suffit pour amener dans le talus inférieur de graves éboulements qui ne s'arrêtent qu'au fond de la vallée.

Il est donc extrêmement important de n'asseoir les routes des pays liasiques que sur la marne vierge assez profondément entaillée, et de les munir de fossés et d'aqueducs disposés de manière à produire un écoulement rapide et complet des eaux pluviales.

Des précautions analogues doivent être prises à plus forte raison toutes les fois qu'il s'agit de fonder un massif de maçonnerie dans ce terrain : on ne saurait s'établir trop profondément au cœur de la marne vierge, et trop préserver de l'accès des eaux la surface sur laquelle on construit, surtout si les couches marneuses sont inclinées à l'horizon, même légèrement.

S'il s'agit de l'établissement d'un chemin de fer dans une vallée liasique, toute considération devant fléchir devant la nécessité de donner à la chaussée de ce chemin une stabilité parfaite et d'une durée indéfinie, il y aura lieu d'abandonner complétement le flanc des coteaux marneux et de se tenir toujours en remblai de quelques mètres sur le terrain de gravier d'alluvion formant une plaine étroite au fond de la vallée. Les courbes du chemin devront, enfin, être dessinées de manière à éviter soigneusement tous les éperons des contre-forts marneux où le terrain détritique mouvant s'est généralement accumulé sur une plus grande épaisseur que partout ailleurs.

Calcaire à entroques. Assise de 3o et quelques mètres de puissance moyenne, très-homogène; se comportant, dans la structure de la Côte-d'Or, comme une immense dalle, et jouant en cela dans l'orographie du département un rôle extrêmement remarquable, qui complète celui des marnes supraliasiques dont elle couronne les talus, ainsi que le mettent en évidence plusieurs de mes coupes.

Le type de ce calcaire est une roche sublamellaire, composée de débris de crinoïdes accumulés et serrés en nombre infini dans une pâte plus ou moins abondante, tantôt compacte, à grain fin, grise ou blanche, tantôt ferrugineuse et roussâtre, à tissu plus lâche.

Ce type, ou *calcaire à entroques* proprement dit, forme

à peu près presque partout les 15 premiers mètres inférieurs de l'assise; c'est là qu'on trouve les meilleurs matériaux de construction.

Au-dessus viennent des bancs très-riches en polypiers,
partant moins homogènes et moins solides; puis, au-dessus
d'eux, d'autres bancs sublamellaires et suboolithiques à grain
très-serré, mais moins beau que celui des bancs inférieurs,
et se divisant assez généralement en plaques minces ou
laves.

A la partie supérieure, enfin, le calcaire devient schistoïde, siliceux en beaucoup de points, et renferme même
habituellement quelques petits bancs marneux discontinus.

Cette assise est le plus beau gîte courant et le gîte le plus
recherché de carrières que puisse présenter le département:
on y exploite de la *taille* de tout appareil et de premier choix,
de la *lave* et du moellon de toute espèce; en quelques points
on en extrait une belle pierre polie et des marbres com-
muns (à Montbard, Fixin, etc., etc.).

Accidentellement, la partie supérieure de l'assise renferme un gîte puissant de *chaux hydraulique* (exploité à
Saint-Victor), par suite d'un développement local de ses
bancs silicéo-calcaires; mais ce gîte, je le répète, est excep-
tionnel et n'a rien à beaucoup près d'aussi constant que
ceux que j'ai déjà signalés et que ceux qui me restent à in-
diquer.

De la base du calcaire à entroques sourdent les plus
belles sources du département, et les eaux les plus pures
et les plus saines des terrains jurassiques. A ces eaux appar-

tiennent celles de la fontaine du Rosoir qui alimente si abondamment la ville de Dijon.

Le calcaire à entroques, brisé et fissuré en tous sens, ne forme que les parois du réservoir de ces sources ; l'assise des marnes supraliasiques, qui arrête toutes les filtrations, en forme le fond ; les lignes de fracture des failles en déterminent le cours souterrain, et souvent le point d'émergence au jour.

Terre à foulon et calcaire blanc jaunâtre marneux.
Assise marneuse nettement séparée du calcaire à entroques sur lequel elle repose, mais se fondant presque insensiblement avec la grande oolithe qu'elle supporte ; formant un horizon constant et très-remarquable dans toute la Côte-d'Or, quoique son épaisseur ne dépasse pas en moyenne 18 à 20 mètres.

La partie inférieure de l'assise est une marne très-argileuse et plastique, de 5 mètres environ de puissance, criblée, entre autres fossiles, de petites huîtres (*ostrea acuminata*).

La partie moyenne, aussi d'environ 5 mètres d'épaisseur, se compose de marnes sableuses beaucoup plus sèches, alternant avec de petits bancs de calcaire marneux jaunâtre, grumeleux.

La partie supérieure, de 8 à 10 mètres de puissance, est formée de calcaire blanc jaunâtre, marneux, schistoïde, à cassure terreuse, renfermant accidentellement des oolithes oblongues, grosses comme des pepins de raisin, alternant, en bancs de 30 à 35 centimètres d'épaisseur avec de minces couches de marne feuilletée contenant plus abondamment les mêmes oolithes.

Ce calcaire marneux donne, en beaucoup de points, une *chaux hydraulique* réunissant plus qu'aucune autre les qualités qu'on apprécie le plus dans la conduite des grands travaux de maçonnerie, tels que ceux, par exemple, qu'entreprend l'État : elle cuit et fuse ensuite facilement; elle foisonne bien; fait prise avec assez de lenteur, et durcit indéfiniment sous l'eau.

L'assise de la terre à foulon peut, dans de certaines limites, être considérée comme un gîte habituel de *chaux hydraulique;* on l'exploite largement à Veuvey-sur-Ouche; on l'a exploitée, lors des travaux des fontaines de Dijon, à l'ouest de Messigny, près du moulin du Rosoir; je l'ai vu encore exploiter, au sommet du val des Choues, entre Voulaine et Vanvey. Dans presque toute l'étendue du triangle compris entre ces trois points, on peut y rechercher de la chaux hydraulique avec assez de chances de succès; mais, en dehors de ce triangle, et principalement en allant à l'ouest, et se rapprochant du département de l'Yonne, l'assise perd ses propriétés habituelles, elle devient sèche et sableuse, ou ne se compose plus que de calcaires feuilletés qui ne peuvent donner que de mauvaise chaux maigre.

La partie la plus argileuse de l'assise est exploitée en beaucoup de points de la Côte-d'Or comme *terre à fours :* on l'emploie soit comme mortier dans la construction des fours à cuire le pain, soit seule, en la battant, la pilonant, et y pratiquant ensuite la chambre du four.

Cette assise, en raison de l'imperméabilité de la couche

argileuse qui en forme la base, est, après les marnes supraliasiques, le principal niveau de sources du département.
Il n'y a point d'exagération à dire que, partout où elle affleure, elle se manifeste, même au fort de l'été, par des suin-
tements; elle occupe la naissance et le fond de beaucoup de
vallons de la chaîne calcaire; si elle y donne naissance, comme
le montre la carte, aux sources d'un grand nombre de rivières de la Côte-d'Or, entre autres à la Seine, à l'Ignon et
aux Tilles, la cause en est principalement à la masse si étendue de calcaire oolithique et crayeux qu'elle supporte, et
qui laisse filtrer jusqu'à elle toutes les eaux qui tombent à
sa surface, formant comme un immense réservoir poreux.

Groupe de la grande Oolithe. Masse épaisse de calcaire oolithique et compacte, d'une puissance d'environ
120 à 130 mètres, sans interposition de marnes, constituant l'axe et le massif principal de la chaîne de la Côte-
d'Or; susceptible de se diviser en trois assises assez tranchées :

> Grande oolithe proprement dite,
> Forest-marble.
> Cornbrash.

1° La *grande oolithe* proprement dite, d'une épaisseur
moyenne de 30 à 40 mètres, se compose en grande partie
de calcaire oolithique blanc; mais elle renferme aussi des
bancs compactes, dont un à sa base, très-remarquable,
parce qu'il est habituellement criblé de rognons et de
plaques de silex pyromaque gris et blanc rosé. Rien n'est

variable, du reste, comme la structure pétrographique de cette assise : tantôt, et c'est le cas le plus général, elle est presque en entier formée d'une oolithe blanche à grain plus ou moins gros et assez régulier dans un même banc; tantôt, par des calcaires grenus, sableux et cariés; d'autres fois, subcompactes, suboolithiques, crayeux et tufacés : tantôt elle est en bancs épais et bien réglés; souvent, au contraire, en couches fissiles, clivées en tout sens, à joints ouverts, respirant la sécheresse.

Elle est limitée à sa partie supérieure par un banc, généralement de 2 à 3 mètres, quelquefois un peu plus épais, d'un aspect qui frappe et qu'on reconnaît aisément : à pâte grenue, parsemée de gros grains cristallins, à structure cariée comme de la dolomie, et effectivement très-souvent magnésien.

Il résulte de cette constitution de la grande oolithe que ce doit être un gîte de carrières extrêmement capricieux : elle donne habituellement des pierres très-gélives, et cependant parfois, par exception, d'excellents matériaux; mais à la condition, toujours, de ne les extraire de la carrière que pendant la saison la plus sèche de l'année.

On extrait des bancs oolithiques de la taille de tout appareil, du moellon et de la *lave;*

Des bancs compacts, une pierre polie et un marbre commun (pierre de Premaux); de bonne pierre à chaux grasse, et de la castine pour l'alimentation des hauts fourneaux.

Le banc dolomitique peut fournir presque partout une excellente pierre de construction, supportant également bien l'action du feu et de la gelée, mais souvent cariée et caverneuse; la pierre de Chanceaux, exploitée dans le voisinage de cette assise, en offre le plus beau type; elle passe à juste titre pour la meilleure pierre du département.

Dans certains points du département (Chaumes de Santenay, environs de Gamay, Puligny et Meursault), ce banc dolomitique, plus épais, moins solidement agrégé, et très-caverneux, devient une vraie mine de sable calcaire et magnésien qu'on exploite sur une grande échelle pour les verreries des départements de Saône-et-Loire et du Rhône.

2° *Forest marble.* Présente généralement une épaisseur de 50 à 60 mètres, et se compose en entier de gros bancs de calcaire compacte, blanc grisâtre, à pâte fine et à structure tellement massive, en grand, que souvent, sur 12 ou 15 mètres de hauteur, on n'y aperçoit aucun joint. Quand on étudie de près ce calcaire, on reconnaît que la pâte compacte dont il est formé n'est pas aussi homogène qu'on l'aurait supposé au premier abord; on y distingue une infinité de petits noyaux, très-compactes aussi, qui, dans l'état normal, y sont comme fondus et lui donnent une texture glanduleuse plus ou moins apparente. Dans quelques parties, ces noyaux se séparent plus nettement de la pâte et font prendre à la roche une fausse apparence de poudingue ou de brèche. Quelquefois, enfin, par suite d'une altération due aux agents atmosphériques, la roche, de compacte et serrée qu'elle était, devient friable et crayeuse et se décompose en une oolithe blanche à gros grains inégaux et irréguliers, qui s'égrène facilement, et qu'il faut se garder de confondre avec certaine oolithe corallienne placée plus haut dans la série jurassique.

Le forest-marble est en général trop compacte, trop gélif

3.

et trop mal stratifié pour pouvoir devenir un gîte courant de carrières; aussi la plupart du temps n'en extrait-on que des blocs irréguliers pour enrochements, et des matériaux d'entretien de routes; mais il présente quelques bancs, surtout à sa partie supérieure, qui donnent accidentellement une pierre de taille de bonne qualité, du plus haut appareil (pierre de Coulemier-le-Sec, Savoisy, Ravière, Comblanchien); et quelques autres bancs, tachetés de rose, de rouge ou de jaune, donnent des pierres polies et même des marbres, parmi lesquels se distinguent la brèche de Saint-Romain et les marbres de la Douée.

Cette assise, enfin, est un excellent gîte de pierre à chaux grasse et de castine de hauts fourneaux.

Dans la région oolithique si étendue de la Côte-d'Or, où les ingénieurs ont souvent tant de peine à trouver des matériaux d'entretien de routes un peu passables, les bancs les plus compactes du forest-marble sont d'une grande ressource, et avidement recherchés dans les points où l'érosion les a épargnés.

3° *Cornbrash*. Assise de 25 à 30 mètres de puissance moyenne; plus facile à distinguer du forest-marble, avec lequel elle tranche nettement, que celui-ci ne peut l'être de la grande oolithe proprement dite; formée, à peu près uniformément, d'un calcaire franchement oolithique, roux, à larges taches bleuâtres, à oolithes miliaires bien égales, solide, à grain serré, bien lité, et à structure régulièrement fissile en grand.

Cette assise renferme quatre à cinq petits bancs marneux, dont un seul, de 50 centimètres à 1 mètre d'épaisseur habituelle, placé à peu près à sa partie moyenne, marque légèrement dans les escarpements.

Sa partie inférieure est purement oolithique miliaire, et stratifiée en assez gros bancs; sa partie moyenne présente, par exception, un mélange de bancs de lumachelles à grain serré et de plaquettes de calcaire marno-compacte, qui, dans quelques points, deviennent siliceuses; sa partie supérieure, ou *dalle nacrée*, renferme, avec les oolithes, beaucoup de débris de crinoïdes, et a souvent un faux air de calcaire à entroques; on y remarque fréquemment un clivage très-net et très-ouvert, incliné à l'horizon.

Le cornbrash est de tout le terrain jurassique de la Côte-d'Or le gîte de carrières sinon le meilleur, car il est bien loin, sous ce rapport, du calcaire à entroques, au moins le plus utilisé, parce qu'en raison de sa fissilité et de la régularité de ses lits on en extrait partout un moellon élégant, en quelque sorte tout taillé.

On y exploite de belle taille de moyen et petit appareil, qui a le défaut de geler et de se dégrader quand on l'emploie à l'air, trop près des fondations;

De la lave;

Du moellon de toute espèce et de la pierre mureuse très-recherchée;

Du pavé, dans les petits bancs compactes.

Accidentellement, dans le Châtillonnais, une pierre excellente à rechercher pour l'entretien des routes, formant un banc très-compacte à la base de l'assise.

On peut enfin prendre dans ce terrain de la marne, à mi-côte des ravins, en certains points où elle est développée, et la répandre sur les plateaux supérieurs et inférieurs trop secs et trop calcaires.

Aucun terrain n'est sec et absorbant comme les calcaires du groupe de la grande oolithe. Les vallées que les anciennes érosions diluviennes y ont creusées y sont presque toujours sans eau, quand leur fond n'atteint pas la région de la terre à foulon, et leur largeur est démesurée comparativement au lit des ruisseaux qu'on y voit accidentellement couler aux époques de rapides et grandes inondations.

Le cornbrash seul, en raison de ses petits bancs marneux, présente une certaine humidité dont on s'aperçoit à l'accroissement de vigueur qu'y prend la végétation ; mais ses marnes elles-mêmes ont encore une sorte de sécheresse relative, et elles sont si peu épaisses que, s'il leur arrive de porter une petite source, le moindre accident, le moindre mouvement ou défoncement du sol en amène la perte.

Quelques sources d'un très-grand volume, comme la Douix de Châtillon, les fontaines de Villecomte, d'Étrochey, etc., etc., s'échappent du milieu des bancs du forest-marble et jusque des bancs inférieurs du cornbrash ; ce sont des puits artésiens naturels dont le réservoir est porté par la terre à foulon, et dont les orifices, formés par ces cavités à bords arrondis si fréquentes dans les calcaires compactes, sont probablement en relation avec de grands couloirs souterrains formés par les failles.

Marnes oxfordiennes et calcaire marneux oxfor-

dien. Ce groupe se comporte comme une grande assise homogène, malgré quelques différences de nature des assises de détail dont il est composé, et tranche de la manière la plus nette avec les deux massifs calcaires entre lesquels il est placé. Son épaisseur varie de 80 à 120 mètres environ ; elle est habituellement de 100 mètres. On y distingue de bas en haut les subdivisions suivantes :

1° Tout à fait à sa base, une couche de *minerai de fer* hydroxydé oolithé à oolithes miliaires, à gangue calcaire et marneuse, de $1^m,5o$ environ d'épaisseur moyenne, atteignant quelquefois jusqu'à 3 mètres; horizon géognostique d'une sûreté absolue; gîte éminemment constant, souvent riche et presque toujours au moins utilement exploitable; alimentant, dans les limites du département, 29 hauts fourneaux au charbon de bois, et s'étendant au loin dans les départements de la Haute-Marne et de la Haute-Saône.

Souvent, quand les marnes oxfordiennes et tout ce qu'elles supportaient ont été dénudées, le minerai de fer oolithé oxfordien a seul résisté à l'érosion et est resté plaqué et soudé à la surface des plateaux de cornbrash.

C'est dans cette situation que se trouvent les principaux gîtes actuellement exploités; on n'en viendra qu'après leur épuisement à attaquer les gîtes recouverts par des massifs marneux.

2° Au-dessus de ce banc de minerai de fer, vient une assise presque purement marneuse, de 10 à 15 mètres d'épaisseur (*marnes oxfordiennes* proprement dites), composée de marnes grises et bleuâtres, feuilletées, très-coquillières, à fossiles souvent pyriteux; donnant de bonne terre à briques et à poterie grossière, surtout quand on la mélange, avant de l'employer, avec du *lehm* argileux diluvien. Marne excellente à répandre sur les calcaires du groupe de la grande oolithe pour les fertiliser.

3° Au-dessus de ces marnes, existe une autre assise marneuse à peu près semblable, aussi de 10 à 15 mètres, mélangée d'un grand nombre de bancs lenticulaires et de *rognons* de calcaire marno-compacte, d'un gris bleuâtre, à cassure terne; donnant, à la cuisson, une *chaux éminemment hydraulique* de bonne qualité : gîte constant, peu exploité jusqu'ici en raison de l'abondance des autres gîtes de chaux hydraulique.

4° Assise du *calcaire marno-compacte oxfordien;* de 25 à 30 mètres de puissance, suivant les localités; composée de petits bancs de calcaire marneux, à pâte fine lithographique, couleur café au lait clair, à larges taches bleuâtres, parfaitement lités en grandes dalles, et séparés par de très-minces interstices marneux feuilletés, quelquefois bitumineux.

Cette assise présente souvent, vers sa base, des *chailles* siliceuses bien distinctes de celles qu'on rencontre aussi accidentellement plus haut à la base du groupe corallien.

Elle donne partout des dalles naturelles très-belles, de la lave, de la pierre mureuse; accidentellement une belle pierre de taille à grain très-fin (pierre de Gémaux, d'Autricourt et Riel-les-Eaux), de fausses pierres lithographiques qui ne sont plus employées.

5° Une assise, aussi de 25 à 30 mètres de puissance, d'un *calcaire marneux,* gris de fumée, à grain grossier et à cassure terreuse, en bancs beaucoup moins réguliers que le précédent, alternant avec des lits marneux plus épais et moins feuilletés, donnant une chaux hydraulique de très-médiocre qualité, qu'on n'a nulle part encore besoin d'exploiter.

6° A la partie supérieure, enfin, une marne jaunâtre,

de 5 à 10 mètres de puissance, beaucoup plus argileuse que
tout ce que l'on a rencontré depuis la base du groupe; assez coquillière, pouvant donner en quelques points, quand
on la fait cuire après l'avoir triée et moulée en briquettes,
de bon ciment hydraulique (*ciment de Molesmes*), employé
à réparer les vieux édifices gothiques; plus propre habituellement à donner de la terre à tuiles et à briques; bonne
également à répandre sur les plateaux coralliens rocheux et
dénudés.

L'assise des marnes oxfordiennes ne joue, dans l'hydrographie de la Côte-d'Or, qu'un rôle secondaire et beaucoup
moins important que celui des marnes supraliasiques et de
la terre à foulon; elle ne renferme de couches complétement
imperméables qu'à sa base et à sa partie tout à fait supérieure; il en résulte que les vallons qui y sont ouverts sont
beaucoup plus absorbants pour les eaux pluviales que ne le
sont les vallons liasiques auxquels on pourrait, au premier
abord, songer à les comparer, et qu'au lieu de n'avoir qu'un
seul niveau de sources à leur sommet, ils en présentent
deux, séparés par toute l'épaisseur des calcaires marneux
oxfordiens; mais ces sources sont proportionnellement peu
abondantes, et, à quelques exceptions près, peu pérennes,
surtout celles du niveau supérieur, quand elles n'ont pas
au-dessus d'elles de larges plateaux coralliens.

Le massif oxfordien du Châtillonnais, le seul qu'il y ait
vraiment à considérer ici sous le rapport hydrologique, parce
que seul, dans la Côte-d'Or, il n'est pas morcelé, indépendamment du régime qu'il imprime aux eaux qui tombent
à sa surface, agit encore à la manière d'un vaste clapet sur
les eaux souterraines qui circulent dans les cavités du pre-

mier étage oolithique qu'il recouvre, retenant ces eaux en amont de l'étendue qu'il occupe, et contribuant ainsi à les faire jaillir tout le long de sa limite orientale, et à donner naissance aux fontaines de Laignes, d'Étrochey, Brion, Montigny, etc.

Groupe corallien. Massif entièrement calcaire, d'une épaisseur moyenne de 125 à 130 mètres, d'une composition qui peut paraître compliquée quand on entre dans le détail des subdivisions que plus bas j'en vais donner, mais simple quand on se borne à l'envisager en masse.

A la base, une épaisse assise où dominent les calcaires compactes bien lités, et où abondent des débris de polypiers et de grosses encrines; à la partie moyenne, une oolithe blanche ou jaunâtre, d'une texture invariable et éminemment caractéristique, surmontée de quelques bancs compactes et crayeux à nérinées; à la partie supérieure, une assise calcaire qui commence par des plaquettes à pâte fine, compacte, qui se termine en haut par des bancs à grain grossier et grumeleux, et dont le milieu est oolithique miliaire roussâtre, à larges taches bleues et à grain serré.

Voici maintenant le détail des assises en commençant par le bas.

1° *Calcaire compacte inférieur grumeleux corallien.* Très-fossilifère, riche surtout en débris de grosses apiocrinites, d'oursins et de coraux. Épais habituellement de 10 à 15 mètres, renfermant en quelques points de nombreux *cherts* siliceux, en partie fondus sur leurs bords dans la pâte calcaire. Ne donne qu'une pierre mureuse de médiocre qualité.

2° *Calcaire madréporique*. Calcaire blanc grisâtre, mal stratifié, composé en grande partie de polypiers à texture compacte et saccharoïde. Épais de 5 à 10 mètres.

Présente en quelques points, à sa partie supérieure, un banc à grosses oolithes.

Ne peut donner que des blocs d'enrochement; on n'en fait du reste presque aucun usage.

3° *Calcaires fissiles et suboolithiques coralliens*. De 12 mètres environ de puissance moyenne.

Donnant communément de la lave, accidentellement de la pierre de taille de moyen appareil, supportant bien la gelée et le feu (employée à Dienay et alentours pour monter l'ouvrage et le creuset des hauts fourneaux au charbon de bois).

Quelquefois siliceux; renferme alors, mais très-accidentellement, un gîte épais de pierre à *chaux hydraulique* (exploité près de Beaune, à mi-côte du mont Battois).

4° *Calcaire compacte et piqueté corallien*. D'une épaisseur de 55 à 60 mètres, bien lité en bancs de 0ᵐ,35 à 0ᵐ,40; à pâte fine, compacte, à fond blanc grisâtre piqueté de petites taches rondes et lenticulaires, roussâtres, avec oolithe accidentelle.

A stratification incomparablement mieux marquée et plus régulière que celle du forest-marble qui lui correspond dans le groupe de la grande oolithe, et qui lui ressemble jusqu'à un certain point, mais qui ne saurait être confondu avec lui dès qu'on observe attentivement l'ensemble du terrain.

Rarement exploité. Peut donner de la pierre de taille de moyen appareil, de très-bonne qualité quand ses bancs sont habilement choisis.

Terre à fours (marne calcaire), accidentelle, en petits bancs intercalés; moins bonne que celle qu'on extrait de la terre à foulon.

A ce niveau apparaît en quelques points un banc sableux jaunâtre dolomitique.

5° *Oolithe corallienne.* Formée de gros grains oolithiques à couches concentriques, et de pisolithes oblongues ou dragées calcaires, soudées par un ciment calcaire cristallin peu abondant, mais très-solide.

Épaisseur moyenne : 10 mètres.

Donne une pierre de taille blanche ou jaunâtre, du plus haut appareil, et d'excellente qualité quand on l'extrait en bonne saison (pierre d'Is-sur-Tille).

6° *Calcaire à nérinées.* Assise intimement liée, dans la Côte-d'Or, à l'oolithe corallienne; épaisse aussi d'environ 10 mètres; formée d'un calcaire blanc mat, renfermant beaucoup de nérinées; à pâte fine, crayeuse, en haut de l'assise; suboolithique, et même oolithique, à grain fin, à la partie inférieure; accidentellement, oolithique à gros grains comme l'assise précédente.

Donne une belle pierre de taille blanche et très-propre à la sculpture d'ornements, mais gélive si elle n'est parfaitement choisie et extraite avec le plus grand soin.

(Carrière du bois de Norges et des grottes d'Asnières, près Dijon.)

Il est des points du département où les bancs coralliens à nérinées et les bancs d'oolithe corallienne présentent des alternances telles, qu'au premier abord on pourrait supposer qu'il y a une sorte d'interversion locale dans l'ordre de succession des assises 5 et 6.

7° *Calcaire à astartes*. Épaisseur moyenne : 10 mètres. Représente une assise qui prend, en dehors du département, une beaucoup plus grande puissance; commence, à sa base, tantôt par un petit banc marneux à plaquettes compactes, tantôt par de simples plaquettes marno-compactes; se termine en haut par des bancs subcompactes et oolithiques à oolithes miliaires jaunâtres, tachés de gris bleuâtre, ayant une certaine analogie avec le *cornbrash*, mais beaucoup moins fissiles, et toujours faciles à en distinguer.

Carrières de pierre de taille de tout appareil et de toute qualité (pierre de Lux, Bèze, etc.); pierre à chaux grasse.

8° *Calcaire à ptérocères*. Caractérisé par le *pteroceras Oceani;* calcaire jaunâtre à points verts, à grain grossier, grumeleux et sableux, très-coquillier; renfermant quelques minces bancs lenticulaires de marnes sableuses.

Épaisseur : 10 mètres.

Donne une pierre de taille médiocre et une pierre mureuse très-inégale.

Au point de vue hydrologique, les calcaires du groupe corallien, moins fendillés et moins criblés de joints que ceux de la grande oolithe, sont moins absorbants, mais toujours cependant d'une grande sécheresse.

Les sources qu'on y rencontre sont toutes des puits artésiens naturels dont la nappe souterraine est supportée par les marnes oxfordiennes, et qui s'alimentent autant par des pertes de rivières et de ruisseaux absorbés dans les failles, que par les eaux pluviales tombées directement sur les plateaux. Telles sont, par exemple, la belle source de la Bèze et la fontaine de Chaume.

Groupe portlandien et kimméridien. Ce groupe n'occupe en surface qu'une faible étendue dans la Côte-d'Or, et, quand il y est le plus complet, il ne s'y présente qu'avec une épaisseur de 5o à 6o mètres.

A sa base existe une assise marneuse blanchâtre, horizon géognostique constant et bien connu partout où se montre le troisième étage oolithique, caractérisé par une extrême abondance de *gryphées virgules*, mais qui n'a, dans le département, que 1o mètres environ de puissance moyenne, et qui se distingue trop peu dans le relief du sol pour mériter une teinte spéciale sur la carte géologique.

Cette assise donne de la *terre à fours* et une marne à répandre sur les terrains pierreux, argileux et sableux.

Au-dessus d'elle, et avec un passage insensible, viennent, sur une hauteur de 15 à 2o mètres, de petits bancs de calcaire marno-compacte jaune nankin, à joints horizontaux et verticaux bombés, criblés de dentrites noirâtres, renfermant çà et là quelques minces lits marneux et quelques plaques de lumachelles calcaires.

On n'en peut extraire que de petits matériaux gélifs et presque sans emploi.

A l'assise de ces petits bancs, qui, jointe aux marnes qu'elle recouvre, correspond au *kimmeridge-clay* des Anglais, succèdent encore, avec une transition ménagée, des calcaires jaunâtres plus compactes, souvent bréchiformes, en bancs épais, assez irrégulièrement stratifiés, perforés d'une infinité de trous sinueux et lisses, qui leur donnent l'aspect éminemment rocailleux. Ils constituent le calcaire portlandien proprement dit, et terminent l'étage avec une puissance moyenne de 25 à 3o mètres.

On en extrait une pierre de taille de grande dimension,

qui n'est pas belle, en raison de la multitude de trous sinueux dont elle est criblée, mais de bonne qualité, et qui
résiste parfaitement à la gelée.

Quelques bancs alimentent de castine les hauts fourneaux du voisinage, et fournissent une bonne pierre à chaux
grasse.

Les marnes à gryphées virgules, moins argileuses et
moins épaisses que la terre à foulon, retiennent moins bien
les eaux pluviales; elles portent cependant un beau niveau
de sources, dès qu'elles offrent un peu d'étendue; je puis
citer, parmi ces sources, celles de Norges et de Flacey.

Si souvent ces marnes sont sèches et ne donnent aux
affleurements aucun suintement, c'est que le terrain dont
elles forment la base est vraiment trop morcelé. On peut,
néanmoins, presque toujours ouvrir sur elles des puits domestiques avec chance certaine de succès.

Le calcaire portlandien est sec et absorbant, mais à un
degré moins élevé, malgré toutes ses cavités, que les calcaires du groupe de la grande oolithe et du groupe corallien; il est vrai que ces cavités sont souvent remplies, près
de la surface du sol, de *lehm* argileux et diluvien.

Groupe crétacé. Les terrains de ce groupe ne forment
dans le département que de petits lambeaux isolés, enchâssés au milieu du terrain tertiaire, au nord-est de l'arrondissement de Dijon.

Le *terrain néocomien* affleure en deux endroits : à Pon-
tailler-sur-Saône, où il constitue la butte du mont Ardoux,

dans le prolongement du terrain néocomien de la Haute-Saône, et à Mirebeau, où il ne fait que poindre à peine sur la lisière de la forêt basse.

Au mont Ardoux, il est représenté par une marne calcaire grumeleuse, correspondante au *calcaire à spatangues*, surmontée d'argiles et de *lumachelles ostréennes*, le tout d'une puissance d'environ 3o à 4o mètres.

A Mirebeau, on ne voit affleurer que l'assise supérieure de l'étage, consistant en *argiles sableuses bigarrées*, de couleur alternativement rouge amarante, jaune orangé et vert clair, exploitées pour alimenter quelques tuileries et quelques fabriques de poterie grossière.

La coupe n° v passe à peu près par l'axe du lambeau principal de *terrain crétacé* proprement dit, celui qui s'étend de Vievigne à Tannay. Ce lambeau constitue une petite région à part au milieu d'une dépression bordée de calcaire portlandien et de terrain tertiaire; ses collines sont formées de *craie marneuse* blanchâtre qui a l'aspect de celle de la Champagne, et ses bas-fonds, de *gault* et de *grès vert* bien caractérisés. J'ai supposé dans ma coupe qu'au-dessous du grès vert existait un lit de terrain néocomien, tout au moins à l'état rudimentaire, dont les argiles bigarrées de Mirebeau ne seraient qu'un affleurement.

Ma coupe attribue à ces diverses assises les épaisseurs suivantes, dans leur partie la plus développée : 5o mètres à la *craie marneuse;* 3o mètres à l'ensemble du *gault* et du grès vert; 6o mètres au lit de *terrain néocomien.*

D'autres lambeaux de *gault* et de *grès vert*, reconnaissables autant à leur constitution pétrographique, qui est tout à fait celle du terrain crétacé inférieur du bassin de Paris, qu'à la nature et à l'abondance de leurs fossiles, se montrent encore parfaitement en place au milieu de l'espace compris entre Bourberain, Fontaine-Française, Mirebeau et Bèze, mais sans couronnement de craie.

On y exploite de l'argile pour plusieurs briqueteries et fabriques de poterie commune.

Ces argiles à tuiles et à poterie sont en ce moment la seule substance minérale utile qu'on retire du terrain crétacé; la craie de Vievigne et de Tannay pourrait être employée avec beaucoup d'avantage pour marner les champs de gault et de terrain tertiaire argileux et siliceux environnants; on pourrait enfin l'utiliser à fabriquer, avec un mélange convenable de gault, de la chaux hydraulique et du ciment artificiels.

Le *gault* formerait un bon niveau de sources, si lui-même et les terrains qu'il supporte, et qui absorbent facilement les eaux, occupaient plus de surface. Malgré sa faible étendue, il ne se montre nulle part qu'il ne donne immédiatement naissance au moins à des fontaines.

Terrain tertiaire. Le terrain tertiaire couvre une vaste étendue du département, à l'est de la chaîne de la Côte-d'Or; il a rempli et nivelé la grande dépression que laissaient entre elles cette chaîne et celle du Jura, et forme le sol de cette région, à peu près plane, au milieu de laquelle coule la Saône. A l'ouest, la limite de son bassin coïncide exactement, comme on peut le voir sur la carte, avec la ligne orographique qui de Santenay à Dijon, et de cette ville à Flacey, Lux et Spoix, forme la démarcation entre la montagne et la plaine ; à l'est, il dépasse la frontière du département, et ne s'arrête qu'aux premiers contre-forts du Jura ; au nord et au delà de Vievigne, Noiron, Pontailler et Mirebeau, il se fond insensiblement avec la région des collines de la Haute-Saône par une série de lambeaux dont le plan général affleure à peu près l'horizon des derniers promontoires jurassiques et crétacés ; au sud, vers Beaune et Chagny, son bassin s'élargit, sa surface s'aplanit de plus en plus, et il constitue, en se développant, la plaine si unie de la Bresse.

On n'y rencontre que des dépôts d'eau douce intimement liés ou enchevêtrés les uns dans les autres, paraissant cependant appartenir à deux époques distinctes : l'une *tertiaire moyenne*, l'autre *tertiaire supérieure*. Les deux terrains tertiaires se seraient déposés dans deux lacs qui auraient successivement occupé, sinon en totalité, au moins en partie, le même bassin : après le dépôt du premier terrain, ce bassin, plutôt recreusé que déformé, à la suite du soulèvement des Alpes occidentales, qui cependant a profondément modifié le relief du Jura et produit dans la Côte-d'Or de grandes fractures, aurait été envahi par les eaux d'un nouveau et immense lac dans lequel se seraient accumulés les matériaux du second terrain. Ainsi s'expliquerait comment ces deux terrains sont si intimement enchevêtrés, et comment, au premier abord, ils semblent presque ne former qu'un seul et vaste remblai nivelant la plaine.

Les dépôts de l'époque tertiaire moyenne seraient :

1° Un *conglomérat lacustre*, ou poudingue à galets calcaires, plus ou moins soudés par un ciment généralement de calcaire d'eau douce;

2° Des amas de *calcaire d'eau douce* proprement dit;

3° Des argiles et des marnes avec *minerai de fer pisiforme* non remanié;

4° Enfin, des dépôts d'*argiles*, de *marnes* et de *sables*, qu'il serait souvent difficile de distinguer de ceux du terrain tertiaire supérieur, au milieu desquels ils sont noyés, et que j'ai dû confondre avec eux, sur la carte, en une seule et même teinte.

Quant au terrain tertiaire supérieur, il n'est représenté que par les *alluvions anciennes* qui ont comblé l'ancien lac de la Bresse.

1° Ce que j'appelle *conglomérat lacustre* est un poudingue analogue pour sa constitution, sinon pour la nature de ses éléments, au *nagelflühe* de la Suisse, formé de cailloux roulés, généralement calcaires, et de blocs anguleux, aussi calcaires, provenant, la majeure partie, de la démolition du terrain jurassique avoisinant, fortement soudés par un ciment souvent rougeâtre, tantôt calcaire avec la texture du grès, tantôt simplement argilo-ferrugineux, renfermant des hélices et des cyclostomes semblables à ceux de certaines parties du terrain tertiaire d'Aix en Provence. Ce conglomérat occupe le littoral de l'ancien bassin du terrain tertiaire moyen, et pénètre en traînées vers le milieu de ce bassin. Il forme sur ses bords un épais massif ne renfermant, çà et là, que quelques petits amas lenticulaires de calcaire d'eau douce; plus

4.

loin, il s'amincit et se subdivise en bancs qui alternent soit avec du calcaire d'eau douce, soit avec des argiles ou des marnes.

2° Le *calcaire d'eau douce* forme des amas dont les plus puissants et les plus étendus sont ceux de Binges, de Belleneuve, du Calvaire de Vesvotte et des bois de Brognon. Tantôt il a le grain d'un grès comme la *molasse ;* tantôt il est compacte et criblé de petites soufflures ; d'autres fois il a la pâte fine et serrée comme celle d'un marbre, ou veinée et rubanée comme celle de l'albâtre ; quelquefois, enfin, il est grumeleux et terreux et passe à une marne mélangée d'une infinité de tubercules compactes.

On a exploité, à la jonction du conglomérat lacustre et de l'amas de calcaire d'eau douce des bois de Belleneuve, sur le territoire d'Arcelot, une belle brèche rougeâtre assez semblable à la *brèche du Tholonet ;* cette exploitation est aujourd'hui fermée.

Les carrières de calcaire d'eau douce ont donné jusqu'ici une pierre de qualité très-inégale ; on pourrait en tirer meilleur parti en les approfondissant et en expérimentant un plus grand nombre de bancs.

3° Le *minerai de fer pisiforme,* en sa principale nature de gîte, se présente en amas irréguliers et discontinus, d'une faible épaisseur ($0^m,50$ à $1,00$ en moyenne), enclavés soit dans le calcaire d'eau douce lui-même, comme au Calvaire de Vesvotte, soit dans les argiles et les marnes intimement liées à ce calcaire, et paraît provenir de la concrétion en une infinité de petites *œtites,* chacune de la grosseur d'un pois, d'un hydroxyde de fer argileux qui,

au moment du dépôt du terrain tertiaire, était en dif-
fusion dans la pâte des roches formant la masse de ce
terrain.

J'ai été amené à considérer ici ce minerai, dont quelques
géologues font un terrain à part, comme une simple dépen-
dance du *terrain tertiaire moyen*; je ne voudrais pas cependant que cette manière de voir pût paraître trop exclusive :
le phénomène de la précipitation et de la concrétion de
l'hydroxyde de fer à l'état de *minerai pisiforme*, envisagé à
son point de vue le plus général et le plus étendu, paraît,
au contraire, avoir accompagné plusieurs phases successives
de la formation des dépôts tertiaires, et n'en caractériser
précisément aucune; il a même continué à se produire dans
des terrains plus modernes. Sans sortir de la Côte-d'Or, on
retrouve ce minerai *en place*, moins bien formé, il est vrai,
moins net, mais toujours avec ses principaux caractères,
dans certaines parties tranquilles, si je puis parler ainsi,
du *terrain de la Bresse*, et même jusque dans certaines plaques de *lehm diluvien* où sa concrétion après coup est également hors de doute.

Indépendamment des *gîtes en place*, d'autres gîtes de *minerai pisiforme* proviennent du remaniement de ceux-ci, soit
par les eaux qui se rendaient dans le lac de la Bresse, soit
par des courants diluviens d'une époque plus récente : ils
portent alors constamment avec eux le cachet du phénomène de transport qui les a déplacés, et remplissent, sans
aucune autre relation de gisement, des dépressions et des
poches de toute sorte, où les eaux les ont abandonnés pêle-
mêle avec des débris très-variés, principalement avec des

cailloux quartzeux ellipsoïdaux et des fossiles crétacés roulés.

Ce minerai fait la richesse d'une partie des terrains bordant l'ancienne Franche-Comté; il alimente, dans la Côte-d'Or, quatorze hauts fourneaux au charbon de bois, et produit une fonte et un fer de première qualité; ses gîtes, toutefois, commencent à s'épuiser.

4° Les *dépôts argileux, marneux* et *sableux,* qui relient et enclavent les lentilles de calcaire d'eau douce et les plaques de terrain à minerai de fer pisiforme, donnent en beaucoup de points d'excellente terre à briques, à tuiles et à poterie commune (Villers-les-Pots, Longchamp, etc.).

L'argile, la marne et le sablon siliceux s'y présentent non pas en bancs réguliers, mais en amas lenticulaires plus ou moins allongés, qui, dans leur enchevêtrement, alternent un peu à la façon des bancs. Quand le sol superficiel est trop argileux ou siliceux, on peut souvent espérer trouver au-dessous de lui, à une faible profondeur, de la marne pour l'amender : il est toujours utile de la rechercher.

Terrain de transport ancien, alluvions anciennes de la Bresse. Ce terrain consiste en un immense remblai provenant de la démolition des montagnes voisines, et principalement composé de galets et de sables que des cours d'eau ont charriés dans un vaste lac dont le niveau de la plaine représente à peu près le plan d'eau supérieur, et qui, à la longue, s'en est trouvé comblé. Parfaitement limité à l'ouest par le pied de la chaîne de la Côte-d'Or, ce terrain se confond souvent au nord, comme je l'ai dit, avec certains dépôts de l'époque tertiaire moyenne au milieu desquels il a rempli des lagunes; mais, au-dessous de Dijon, et à partir de la ligne que dessine l'alluvion de la vallée de l'Ouche, jusqu'au sud du département, on peut compter qu'il forme à lui seul tout le sol de la plaine.

Un pareil dépôt devait présenter beaucoup d'irrégularité dans sa constitution : sur les bords du lac, le remblai est généralement resté grossier et très-confusément stratifié; il consiste alors en un gravier à gros galets calcaires, rarement et accidentellement soudé par un ciment calcaire, presque toujours meuble, dont le terrain des buttes de Nuits et Perrigny, coupé par le chemin de fer de Dijon à Châlon, peut donner le meilleur exemple; vers le milieu du lac, et aujourd'hui de la plaine, où les parties les plus ténues ont seules la plupart du temps été entraînées, les bancs de galets se sont réglés et amincis; les sables, les argiles et les marnes se sont en quelque sorte triés, et se sont étalés en longs amas lenticulaires qui, dans de certaines limites, ressemblent à des couches; en quelques points, enfin, l'action sédimentaire a été plus complète, et au milieu de ces dépôts meubles, simplement façonnés par le tassement, il s'est parfois formé de petits bancs calcaires, rappelant de loin, par leur texture, des terrains plus anciens.

A une certaine distance de la côte, le gravier disparaît presque entièrement, et, près de la surface, le terrain n'est plus formé que de marnes et de glaises sableuses jaunes et grises, souvent mélangées de grains de minerai de fer pauvre.

Une ligne droite, tirée de Corcelles-les-Cîteaux à Meursanges, et s'infléchissant à partir de ce point vers l'embouchure de la vallée de la Dheune, à Chagny, sépare assez exactement la plaine de la Saône en deux bandes, intéressantes à distinguer sous le rapport agricole : l'une où, dans le terrain de remblai, domine l'élément calcaire ; l'autre principalement argileuse et sableuse.

Les terrains de ces bandes ont été formés dans le dépôt de la Bresse sous deux influences distinctes : la première, sous l'influence des cours d'eau transversaux à la longueur du lac, venant des montagnes de la Côte-d'Or ; la seconde, sous celle des cours d'eau longitudinaux, venant de la Haute-Saône et des Vosges, qui amenaient surtout des débris siliceux.

Quelques buttes de terrain de la Bresse renferment un sable siliceux jaunâtre, légèrement imprégné d'argile, très-propre au moulage de la fonte en deuxième fusion : on exploite ce sable à Pouilly-sur-Saône pour les fonderies de Lyon.

Beaucoup d'argiles du même terrain peuvent donner de bonne terre à tuiles et à poteries, quand on a soin d'écraser par une espèce de laminage les grains de carbonate de chaux dont elles sont souvent mélangées.

L'eau des terrains tertiaires n'a pas de niveau absolu et ne produit aucune source importante. Chaque amas de sable ou de gravier, supporté par un banc lenticulaire de marne ou d'argile, donne naissance à un filet d'eau à son affleurement, mais d'un débit toujours très-faible, en raison du peu de continuité du banc imperméable qui forme le fond du réservoir de la source.

On trouve ainsi quelquefois, dans une même butte, deux ou trois petits niveaux d'eau superposés, dont le champ d'alimentation ne s'étend jamais qu'à une faible distance.

Sur le littoral du terrain de la Bresse, on peut souvent creuser jusqu'à plus de 30 mètres dans l'amas de gravier, sans y rencontrer d'eau; quand, au contraire, on s'avance vers le milieu de la plaine, il est rare qu'il faille descendre à plus de 4 à 5 mètres de profondeur pour trouver l'eau nécessaire à un puits domestique.

Le terrain tertiaire serait, de tous les terrains de la Côte-d'Or, celui où il conviendrait le mieux de chercher à ouvrir des puits artésiens; mais les expériences qu'on a faites à ce sujet, à Dijon et à Châlon-sur-Saône, d'accord avec ce que, *a priori*, l'on pouvait prévoir, montrent qu'on ne doit s'attendre qu'à un petit volume d'eau, et à des eaux très-peu jaillissantes, si mêmes elles peuvent arriver à dépasser la surface du sol.

Les chances de réussite d'un puits artésien me paraî-traient d'ailleurs augmenter à mesure qu'on se rapproche-rait du milieu de la plaine tertiaire, et je crois que, dans un devis, il faudrait compter sur un forage d'au moins 200 mètres.

Terrain diluvien. Ne forme à la surface des terrains précédents que des dépôts trop morcelés et généralement trop peu épais pour mériter d'être distingués sur la carte par une teinte spéciale.

Il consiste en débris de roches plus ou moins roulés, étrangers au sol qu'ils recouvrent (blocs erratiques), apportés par des eaux torrentielles qui semblent n'avoir fait que passer sur les terrains qu'elles ont couverts, et généralement accompagnés d'un limon d'une nature particulière (*lehm*) abandonné par les mêmes eaux.

Il peut se subdiviser ainsi :

1° Un *diluvium de terre rouge* on *diluvium vosgien*, qui paraît avoir été amené par des courants venus du nord-est et du nord. Son élément principal est un *lehm* argileux, de couleur rouge brique, à pâte fine, douce au toucher, propre immédiatement à donner de la *terre à briques* et à *tuiles;* caractérisé presque toujours par la présence et souvent par une extrême abondance de cailloux de quartz hyalin blanc rosé, laiteux, parfaitement roulés, provenant de la désagrégation du *grès des Vosges.*

Tous les plateaux voisins de la Haute-Saône sont, en quelque sorte, saupoudrés de ces cailloux quartzeux auxquels s'ajoutent encore des galets et des blocs de roches granitiques, syénitiques et porphyriques, arrachés aussi, incontestablement, au massif des Vosges.

Le *lehm de terre rouge*, presque toujours mélangé aussi de grains de minerai de fer pisiforme roulés, de fossiles et d'ossements également roulés, remplit beaucoup de crevasses et d'anfractuosités sur les pentes de nos vallons jurassiques. Il y est exploité pour *herbue*, à portée de beaucoup de hauts fourneaux, et employé comme fondant des minerais calcaires.

Quelques amas du même lehm alimentent, dans le Châtillonnais, plusieurs tuileries.

2° Le *diluvium alpin* qui ne consiste, dans nos contrées, quand il est pur, qu'en un lehm marneux blanchâtre, bien connu sous le nom de *terre à pisé;* formant de minces plaques à la surface du terrain de la Bresse et ne s'élevant guère, topographiquement, au-dessus du niveau général de ce terrain; ne renfermant pas de blocs spéciaux, et pas d'autres cailloux que ceux arrachés et, pour ainsi dire, repris au terrain de galet environnant par les courants, déjà affaiblis sans doute, qui l'ont apporté.

En quelques points de la plaine tertiaire, le *lehm de terre rouge* et le *lehm de terre à pisé* sont intimement mélangés, comme si le second avait remanié le premier.

En général, ces deux lehms apportent beaucoup de fertilité aux terrains qu'ils recouvrent.

3° Il semble, enfin, qu'on puisse distinguer, à l'ouest du département, un *diluvium du Morvan,* dont les courants n'ont peut-être été qu'une suite ou un rebond de ceux de l'un des deux diluvium précédents; il n'a guère couvert de ses débris et de ses blocs et cailloux roulés granitiques que le versant de l'Océan, et il a surtout rempli le lit des principaux affluents de la rivière d'Yonne.

Alluvions modernes. Le terrain d'alluvions modernes occupe le fond des vallons et des dépressions creusées ou approfondies par les eaux. Dans la partie montueuse du département, où les cours d'eau sont rapides et fortement encaissés, ce terrain est peu développé et ne forme jamais que des bandes étroites se réduisant, en beaucoup de points, à l'espèce de ruban qu'occupe dans la vallée le lit du ruisseau; mais dans la plaine tertiaire, où les cours d'eau ont pu s'étaler en liberté, l'alluvion moderne se développe, forme des nappes d'une grande étendue, et constitue de vastes plaines basses qu'on reconnaît de suite à leur surface parfaitement plane.

Ce terrain consiste presque partout en un gravier calcaire meuble, qui n'éprouve presque aucune variation de composition quand on passe d'une vallée à une autre. Son épaisseur habituelle est de 3 à 4 mètres; il remplit cependant quelquefois, au milieu des plus petits ruisseaux, des poches profondes, et, dans les parties où il se développe en grandes nappes, il atteint une puissance de 6, 7, 8 et même 10 mètres.

On exploite ce gravier en beaucoup de points; on le passe à la claie: le gros gravier, formant à peu près la moitié du volume total, est employé à l'empierrement des routes; le gravier moyen, dans la proportion d'un sixième, sert à sabler les allées, et le gravier fin, qui n'est presque qu'un sable, formant les deux derniers sixièmes, est mélangé à la chaux dans la confection des mortiers.

Quelques plaques d'alluvion moderne sont formées d'une terre marneuse et compacte : telle est celle qui s'étend de Dienay à Thilchâtel, et qui provient de la démolition des marnes oxfordiennes; d'autres sont sableuses et siliceuses, sur les bords de la Saône, par exemple; mais ce sont toujours des plaques exceptionnelles et peu étendues, comparativement à l'alluvion de gravier calcaire, type général de ce terrain.

Tourbes. Les gîtes tourbeux sont rares et peu étendus dans le département, et se lient aux plaines d'alluvions modernes dont ils forment un des accidents.

Le gîte principal, le seul qu'on ait exploité, est celui de la vallée de la Seine, près Vic-Saint-Marcel; sa surface est d'environ 80 à 100 hectares et son épaisseur de 1^m,80.

La plaine des Tilles renferme aussi un peu de tourbe entre Arceaux et Genlis; elle a donné lieu, à diverses reprises, à un commencement d'exploitation bientôt abandonnée.

Les autres gîtes ne sont que des fonds d'étangs ou des marécages tourbeux d'une très-petite étendue; dans ce genre, l'un des plus importants serait celui de l'étang du moulin de Fenay, près Saulon-la-Rue.

Les terrains tourbeux sont souvent d'une culture difficile : quand on les a asséchés au moyen de saignées, et divisés avec des terres de rapport plus légères, il est extrêmement avantageux d'y employer un amendement de chaux vive.

Tuf calcaire. Le département renferme de nombreux amas de tuf : on en rencontre des dépôts à l'origine de la plupart des petites rivières qui prennent naissance dans la chaîne calcaire, et principalement au pied des contre-forts de grande oolithe, au niveau de la terre à foulon. Je peux citer, par exemple, ceux des sources des Tilles, de l'Ignon, de l'Aubette, de l'Ource, etc., etc.

Quelques-uns de ces dépôts ont 6 à 8 mètres d'épaisseur ; on en extrait une pierre de taille grisâtre, poreuse, légère, qui durcit promptement à l'air, résiste incomparablement mieux à la gelée et à tous les changements brusques de température qu'une foule de pierres d'apparence plus solide, et qu'on recherche pour la construction des voûtes à grande portée, et des cheminées élevées.

Le tuf granulé, plus commun encore que le tuf en bancs, est quelquefois employé comme sable à mortier ; mais cet emploi n'est point à recommander.

Ces divers dépôts de tuf ne sont point indiqués d'une manière spéciale sur la carte ; ils sont confondus dans la teinte du terrain d'alluvion moderne ; on les trouve, je le répète, à l'origine des principaux vallons calcaires.

Éboulis, terrain détritique. J'ai pensé qu'au lieu de représenter sur la carte géologique les éboulis et les amas de terrain détritique qui recouvrent les pentes des collines et le pied des escarpements, il était préférable d'en faire abstraction, et de laisser voir plutôt les teintes désignant les terrains qui les supportent et ceux aux dépens desquels ils sont formés.

Sur les roches primitives et les grès, ces terrains détri-

tiques consistent en arènes et en sables quartzeux et feldspathiques, souvent meubles, d'autres fois liés par un ciment
de kaolin ou d'argile, englobant de gros blocs désunis.

Sur les assises marneuses, et principalement sur les terrains liasiques, ce sont, comme je l'ai dit plus haut avec détail, des marnes argileuses glissantes et ébouleuses, dont il
faut éviter d'attaquer le pied.

Sur les trois étages calcaires jurassiques, où dominent
les bancs compactes, ce sont des éboulis composés d'un gros
sable calcaire à grains anguleux, mélangés de fragments de
toute grosseur.

Sur les terrains tertiaires, c'est une sorte de manteau en
général très-peu épais, de nature aussi variée que le sol qu'il
recouvre, et s'écartant beaucoup moins qu'ailleurs de la
composition de ce sous-sol.

Le terrain détritique sans contredit le plus important à
signaler dans le département est celui qui s'est accumulé
sur les pentes de la grande oolithe et de la terre à foulon;
il est formé de petits débris anguleux de forest-marble,
concassés par les gelées, mélangés de sable fin oolithique;
il a fréquemment une épaisseur de 7 à 8 mètres; quelquefois même il a comblé en entier de petits vallons, et il y
forme de petites collines arrondies dans lesquelles on peut
ouvrir d'inépuisables sablières.

Ce sable calcaire est très-employé pour sabler les routes
neuves.

Il donne un excellent balast de chemins de fer.

On en extrait, enfin, un bon sable à mortiers.

Quelquefois, ses fragments sont soudés par un ciment
de tuf calcaire, déposé par des eaux incrustantes qui l'ont

traversé en tout sens; il donne alors des blocs d'enrochement, et un moellon commun très-peu employé.

Un sable analogue existe aussi sur les pentes des contreforts coralliens du Châtillonais, sur les confins des départements de l'Aube et de l'Yonne, et on l'y utilise aux mêmes usages.

Failles. Le sol de la partie montueuse de la Côte-d'Or est littéralement haché de failles; j'en ai indiqué un très-grand nombre sur ma carte; j'aurais pu les marquer par centaines; je me suis borné aux principales.

Ces failles dénivellent souvent d'une quantité très-considérable (jusqu'à 150, 200 et même 250^m) les couches des terrains qu'elles traversent; elles changent brusquement les cultures, interrompent subitement les gîtes de substances minérales utiles, et impriment tout à coup à l'orographie et à l'hydrographie de la chaîne de nouveaux caractères.

Un grand nombre d'entre elles sont sensiblement rectilignes, ou légèrement dentelées en *baïonnette* ou en *trait de Jupiter;* quelques-unes sont un peu ondulées de part et d'autre d'une ligne droite qu'on peut considérer comme leur axe; d'autres, qui tournent et changent brusquement d'orientation, et qu'au premier abord on pourrait regarder comme trop ondulées pour pouvoir être rapportées à une direction fixe, ne sont, la plupart du temps, quand on les observe de près, que des portions de polygones formées par la rencontre de failles à peu près rectilignes et à directions connues.

Une même faille se prolonge souvent sur une longueur de 40 à 50 kilomètres, et marque, de distance en distance, sur toute cette étendue, par des accidents orographiques parfaitement alignés; il lui arrive alors communément d'avoir des *points morts,* au delà desquels elle relève et abaisse alternativement les mêmes bancs.

Ces failles sont figurées dans mes coupes par de simples plans de rejet; c'est ainsi qu'effectivement elles existent. Les plus considérables ont à peine une épaisseur de deux ou trois mètres, occupée par des bancs dérangés, par quelques couloirs où circulent les eaux, ou par un remplissage de fragments de roches concassés et soudés, espèce de conglomérat ou béton de frottement. La plupart sont tellement serrées qu'elles n'apparaissent, dans les tranchées des carrières, que comme de simples lignes de soudure interrompant la nature des bancs, et presque toujours accompagnées de surfaces polies et profondément striées.

Il est rare que, sur la trace d'une faille, à la surface d'un plateau calcaire, les bancs du massif abaissé ne soient pas redressés sur la tranche et placés presque *debout* au contact du massif relevé; il en résulte des affleurements en *hérisson,* très-caractéristiques, très-faciles à reconnaître et à suivre quand une fois l'attention a été appelée sur eux, et précieux pour constater la direction des failles.

Quand, enfin, on peut couper une faille sur une assez grande hauteur, on remarque toujours que les bancs ployés et redressés sur la tranche sont en même temps fortement laminés, de telle sorte que, sur une épaisseur de quelques mètres, on rencontre souvent la totalité des assises qui, plus loin, dans leur état normal et leur situation horizontale, occupent une hauteur verticale beaucoup plus grande.

Ce fait de redressement et de laminage des bancs s'observe parfaitement, en grand, dans la belle faille E. 18 à
20° N. du *barrage de Malain* et *Lantenay* qui se trouve coupée perpendiculairement à sa direction par plusieurs ravins, notamment par celui du ruisseau de Baulme-la-Roche.

L'inclinaison du plan de ces failles est variable : la plupart
sont à très-peu près verticales; les autres plongent en général de 75 à 80° au moins; quelques-unes descendent accidentellement, dans les limites où on peut les observer, jusqu'à faire avec l'horizon un angle de 50 à 55 degrés.

Elles marchent en général par faisceaux de failles paral-
lèles rapprochées, et, dans un faisceau appartenant à un
même système, c'est tantôt une faille, tantôt l'autre qui domine. Je puis donner pour exemple le beau faisceau de
failles qui se dirige des Bordes-Billot à Selongey, si remarquable entre Vernot et Crécey.

Je n'ai reconnu dans la Côte-d'Or qu'une seule grande
faille antérieure au dépôt du terrain jurassique, c'est celle
dans laquelle est encastré le terrain houiller de Sincey; elle
est dirigée E. 3° S. Elle paraît également antérieure au dépôt du trias.

Toutes les autres failles ont affecté le terrain jurassique
et n'ont pas en général dérangé de terrain plus récent; on
ne pourrait citer que deux ou trois redressements de lambeaux de terrain tertiaire moyen, mais ils sont jusqu'à un
certain point contestables.

Les directions de ces failles m'ont paru pouvoir se grou-
per de la manière suivante :

1° — E. 42 à 43° N.

C'est la direction la plus fréquente; on la rencontre, à chaque pas, dans le massif principal de la Côte-d'Or, celui qui s'étend de Sombernon à Langres, et que Buffon nommait la *montagne de Langres*.

Elle comprend, en très-grand nombre, des failles E. 40 à 42° N.

D'autres, en grand nombre aussi, principalement sur l'axe de la chaîne et dans le Châtillonnais, E. 43 à 44° N.

Je crois également devoir y classer quelques failles plus rares E. 45°, 50 et même 53° N.

Il est impossible, enfin, de n'y pas rapporter beaucoup d'accidents orographiques bien marqués E. 38° N.

C'est le système proprement dit de la *Côte-d'Or* de M. Élie de Beaumont.

2° — N. 20° E.

Direction également très-fréquente et presque toujours profondément marquée; dominant dans ce long massif calcaire (Côte-d'Or proprement dite) qui va de Sombernon et Dijon à Santenay, et qu'on connaît sous le nom de chaîne du *mont Affrique.*

Comprend des failles et des accidents du sol dirigés du N. 17° E. au N. 21° E.

Correspond au système du *Rhin* de M. Élie de Beaumont.

3° — N. 24° E.

Comprend quelques failles N. 23 à 24° E., et d'autres N. 25, 26 et même 28° E. bien marquées.

Cette direction est répandue dans tout le département, mais beaucoup moins fréquente que la précédente.

Elle paraît se rapporter au système des *Alpes occidentales* de M. Élie de Beaumont.

4° — N. S.

Comprend des failles exactement N. S.; d'autres N. 1 ou 2° O. et quelques accidents très-rares N. 4 à 5° O.

Assez fréquent dans la chaîne du *mont Affrique*.

Doit représenter le système *Corse et Sardaigne* de M. Élie de Beaumont.

5° — N. 4 à 5° E.

Comprend quelques failles bien marquées N. 4 à 5° E. entre autres la faille de Baulme-la-Roche, et quelques petites failles et accidents orographiques N. 3 à 6° E.

6° — N. 9 à 10° E.

Système fréquent et profondément marqué dans la chaîne du *mont Affrique;* presque particulier à cette chaîne.

Comprend des failles exactement N. 9° E. et d'autres N. 8 à 11° E.

7° — E. 18 à 20° N.

Répandu un peu partout, dans la chaîne de la Côte-d'Or, sans être cependant nulle part très-fréquent; c'est à ce système qu'appartient la belle faille du *barrage de Malain*, placée à peu près à la séparation de la *montagne de Langres* et de la chaîne du *mont Affrique*.

Paraît correspondre à la direction de la *chaîne principale des Alpes*, de M. Élie de Beaumont.

8° — E. O. ou E. 1 à 2° N.

Assez fréquent dans la *montagne de Langres*, mais donnant rarement lieu à des failles importantes; a contribué, cependant, par ses fractures, à imprimer, à quelques portions de vallées, leur direction actuelle.

A côté de ce système existent quelques accidents moins nettement marqués E. 5 à 10° N. qui, peut-être, peuvent s'y rapporter.

9° — N. N. O.-S. S. E.

Direction qui, plus encore que la précédente, a déterminé celle d'un grand nombre de vallées, sans toutefois donner lieu à des failles profondes et bien caractérisées.

Correspond exactement au système du *mont Viso* de M. Élie de Beaumont.

10° — N. O.-S. E.

Je rapporte à ce groupe non-seulement un assez grand nombre de fractures N. 45° O., qui ont très-nettement déterminé la direction de certaines vallées, telles que celles du Valsuzon, de Sainte-Foy à Messigny, de l'Ource, de Recey à Leuglay, etc., mais encore d'autres failles et accidents marqués du sol, compris entre N. 34° et N. 38 à 40° O.

11° — N. 15° O.

Accidents nettement marqués dans le pays de Saulieu,

aux abords du Morvan. Correspond, quant à la direction,
au *système du Forez* de M. Élie de Beaumont, mais se trouve
être ici, comme toutes les failles précédentes, postérieure
au dépôt du terrain jurassique.

Le massif de la Côte-d'Or est découpé par ces failles en
une multitude de compartiments qui, dans les mouve-
ments que le sol a subis, ont été portés à beaucoup de
niveaux différents. Comme le montrent mes coupes, ces
compartiments, restés, la plupart du temps, à peu près
horizontaux, sont simplement étagés en gradins, et l'ensemble de ces gradins, vu de haut, dessine des plis, abso-
lument comme un contour polygonal, vu à distance, dessine une courbe. On saisit ainsi au premier abord, à la vue
de ces coupes, le mécanisme de la formation de la chaîne
de la Côte-d'Or : sous une action latérale de plissement,
répétée à diverses époques, la croûte granitique et tout ce
qu'elle supportait, brisée en une quantité de plaques ou
plutôt d'immenses voussoirs, a été soumise à un énorme
refoulement; ces voussoirs, sortis de la place qu'ils occupaient, comme ceux d'une voûte dont les pieds-droits vien-
draient à éprouver un rapprochement, ont été, les uns
soulevés, les autres, peut-être, abaissés. Dans ce mouvement, beaucoup d'entre eux ont dû sans doute être laminés
ou écrasés en coin; d'autres, au contraire, au moment d'une
sorte de réaction en retour, ont dû retomber dans un espace
trop large pour eux.

Chaque système de failles paraît marquer la trace d'un
de ces bouleversements, et semble correspondre à un système particulier de rides, à un axe spécial de plissement.

Je n'ai observé nulle part, dans la Côte-d'Or, de soulèvement autour d'un point isolé; je n'y ai vu partout que de grandes lignes coordonnées à de grands systèmes de plis; si quelquefois on croit y rencontrer un point vers lequel semblent converger les inclinaisons des couches, on reconnaît bientôt que cette convergence n'est qu'apparente ou partielle, et qu'elle doit s'expliquer par le fait d'un croisement de failles.

Il y aurait un livre à écrire sur les failles : on verra sur la carte, et par les coupes qui l'accompagnent, comment, en se rencontrant, leurs faisceaux ont préparé l'érosion des principales vallées et marqué la trace des sillons que plus tard l'action des eaux diluviennes est venue déblayer et creuser; comment elles engouffrent et font disparaître, dans le voisinage de leurs sources, la plupart des rivières du département; comment elles limitent ces bassins d'hydrographie souterraine dont le fond est si bien accusé par de belles et puissantes assises marneuses; comment, enfin, soit directement par leurs propres couloirs, soit par leurs communications avec les tubulures des calcaires compactes, elles amènent au jour ces belles sources à grand volume d'eau qu'on rencontre à chaque pas dans la Côte-d'Or, et dont les réapparitions multipliées sont un des traits les plus saillants des chaînes jurassiques.

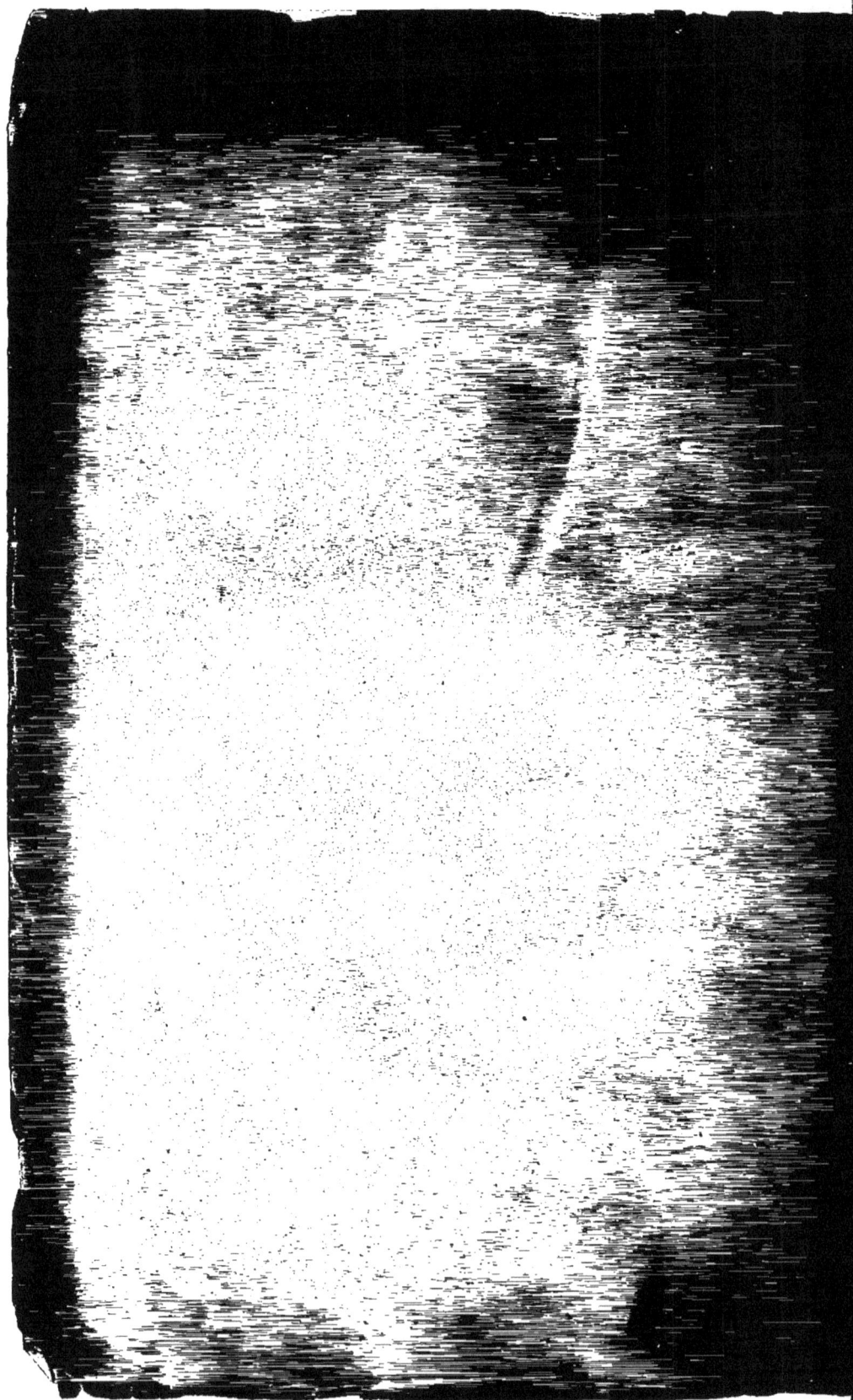

www.ingramcontent.com/pod-product-compliance
Lightning Source LLC
Chambersburg PA
CBHW071245200326
41521CB00009B/1632